JN041783

学ぶ人は、
変えて
ゆく人だ。

目の前にある問題はもちろん、

人生の問いや、

社会の課題を自ら見つけ、

挑み続けるために、人は学ぶ。

「学び」で、

少しずつ世界は変えてゆける。

いつでも、どこでも、誰でも、

学ぶことができる世の中へ。

旺文社

生　物

［生物基礎・生物］

入門問題精講

四訂版

山下 翠 著

Introductory Exercises in Biology

旺文社

はじめに

実力をつけるためには，とにかく問題を解くこと。
毎年，初回の授業で学生に伝えます。

実力をつけるために必要なことは2つだけです。
「知らなかった内容を覚える」
「間違って理解している内容を正しく理解し直す」
この2つを実行すれば，必ず実力は上がります。

では，あなたが，「知らなかった内容」・「間違って理解している内容」は
どこなのでしょうか？

それを明らかにするのが「問題を解くこと」です。
解いた問題のうち，不正解だった問題の内容を正しく理解すれば，ほら，
また一歩合格に近づきました。

勉強はらせん階段を昇るようなものです。1周，2周，昇れば昇るほど，
易しい問題を，少し難しい問題を，解けば解くほど実力がついてきます。

この入門問題精講は，志望校合格につながるらせん階段の1周目です。

生物学の分野は，絶えず新しいことが発見・解明されていて，教科書の
内容や入試問題の傾向も目まぐるしく変化しています。
今回の改訂では，従来から出題頻度が高いオーソドックスな問題だけで
なく，現在の入試問題の傾向に合わせた問題も多数追加しました。

この本をスタートに，第一志望合格を目指して階段を駆け昇ってくださ
い。

最後に，旺文社編集部の小平雅子さんには今回も本当にお世話になりま
した。心からお礼申し上げます。

山下 翠

本書の特長と使い方

　本書は，共通テストや易～中堅大学の入試問題を分析し，必ず解けるようになりたい超基本レベルの問題を，丁寧に解説したものです。問題演習を通して，基礎の基礎を着実に理解していきます。本書をマスターすれば，より実戦的な問題を解くときにも大切な基礎力を，身につけることができます。

　本書は10章27項目で構成されています。学習の進度に応じてどの項目からでも学習できるので，自分にあった学習計画を立て効果的に活用してください。

生物基礎・生物の分野から，安定した基礎力を身につけるために必要な問題を厳選しました。なお，問題は，より実力がつくように適宜改題しました。問題には，使いやすいように生物基礎・生物の分野を示してあるので，自分の入試に必要な分野かどうか，確認しながら学習することができます。

問題の下には，具体的な解き方を丁寧に示しました。類似問題に使える重要な解法なので，しっかり読んでおきましょう。重要な生物用語は色太字，重要な説明は太字または＿＿＿，解答につながる説明は＿＿＿で示しました。解答は最後に示してあります。

問題を解く上で必要不可欠な公式や知識をまとめました。解説の途中で出てくるので，各問題で特に重要なポイントが，ひと目でわかります。

● 著者紹介 ●

山下　翠（やました みどり）

　愛知県生まれ。現在，駿台予備学校講師。論理的でストーリー性のある解説に定評がある。「得点アップのためにはまず楽しむことが必須」という観点から行われる講義は，受講生から「勉強なのに楽しい！」との声が絶えない。著書に，『生物［生物基礎・生物］標準問題精講』（共著），『全レベル問題集 生物 レベル①基礎レベル』（以上，旺文社）など。『全国大学入試問題正解生物』（旺文社）の解答者でもある。趣味はランニング。生徒の合格報告とマラソンの記録更新が同じくらい嬉しい。

もくじ

第1章　細胞と個体

第2章　生物の進化と系統

第3章　代　　謝

第4章　遺伝情報とその発現

第5章　生殖と発生

第6章　遺　　伝

第7章　体内環境の維持

問題 01

1. 細胞の構造とはたらき

生体構成物質

生物基礎 < 生物

　生物のからだは細胞で構成されている。細胞はさまざまな物質で構成されており，動物でも植物でも生体の重量の半分以上を占めるのは ア である。 ア はいろいろな物質を溶かす溶媒としてはたらくとともに，温まりにくく冷めにくい性質を有するため，細胞の温度を一定に保つ上でも役立っている。 ア を除くと，その他の成分のほとんどは有機物で占められている。動物の場合，通常最も多くを占めている有機物は イ である。 イ には，化学反応を進行させる酵素や，情報の伝達に関与する受容体など，さまざまな種類がある。植物には， イ よりも ウ が多く含まれている場合が多い。 ウ にはエネルギー源として用いられるグルコースや，グルコースが多数結合したデンプンなどがある。 エ は細胞膜など，生体膜の主要な構成成分であるほか，動物ではエネルギー源となる。 オ は，動物でも植物でも生体の重量の数％未満を占めるに過ぎないが，遺伝子の本体としてはたらく DNA や，遺伝子発現に関与する RNA など，重要な物質を含んでいる。

問1　文中の空欄にあてはまる適切な語句を，次からそれぞれ1つずつ選べ。

① 水　　　　　　② 脂質　　　③ 炭水化物

④ アルコール　　⑤ 核酸　　　⑥ タンパク質

問2　植物の細胞壁を構成する物質として最も大きい質量を占めるのは，文中の ア ～ オ のどれか，答えよ。

問3　細胞を構成する有機物は，すべて共通した3つの構成元素を含む。この3つの元素を元素記号で答えよ。

問4　文中の有機物 イ と オ は，問3で答えた3種類以外の構成元素も含む。問3で答えた元素以外で，次の(1)～(3)に最も適当な元素を，下の選択肢から1つずつ選べ。

(1)　 イ と オ が共通に含む元素

(2)　 イ に含まれ， オ に含まれない元素

(3)　 オ に含まれ， イ に含まれない元素

〔選択肢〕 N，P，S，K，Ca

（京都産業大・実践女大・龍谷大）

問1 ア．水は，すべての生物の細胞で，**含有率が最も高い物質**である。

 Po*int 生体内の水の役割

① 比熱が大きく温度が変わりにくいので，体温の維持に役立つ。
② 常温で液体であるため，物質輸送にはたらく。
③ さまざまな物質を溶かし込むので，化学反応の場となる。
④ 光合成や加水分解などの化学反応の材料となる。

イ．タンパク質は，アミノ酸が多数結合した物質で，非常に多くの種類がある。生体構造を構成するだけでなく，生体の化学反応を促進する酵素，ホルモンなどが結合する受容体，免疫にはたらく抗体など，さまざまな機能をもつ。

ウ．生体内でエネルギー源の基本となるのは炭水化物で，最も単純なものを単糖，単糖が2分子結合したものを二糖，単糖が多く結合したものを多糖という。単糖であるグルコースが多数結合した多糖には，デンプンやグリコーゲン，セルロースがある。

エ．動物では，細胞重量の15〜20％がタンパク質，次いで5〜20％が脂質である。脂質には，エネルギー貯蔵に最適な脂肪や，生体膜の主要な構成成分であるリン脂質などがある。

オ．核酸は，「リン酸＋糖＋塩基」からなるヌクレオチドが多数結合したヌクレオチド鎖からなる物質で，遺伝子の本体であるデオキシリボ核酸（DNA）と，タンパク質合成（遺伝子発現）にはたらくリボ核酸（RNA）がある。

問2 植物細胞では，炭水化物の含有率が高い。これは，**細胞壁の主成分が炭水化物のセルロースであること**や，**光合成産物がデンプン粒として貯蔵されている**ことによる。

問3 生物の体内では，炭水化物，タンパク質，脂質などの有機物がつくり出される。これらの有機物はすべて炭素（C），水素（H），酸素（O）を含む。

問4 タンパク質と核酸は有機窒素化合物と呼ばれ，いずれもC，H，Oに加えて窒素（N）を含む。C，H，O，Nに加え，**タンパク質は硫黄（S）を，核酸はリン（P）を含む。**

答 問1 ア−① イ−⑥ ウ−③ エ−② オ−⑤ **問2** ウ
問3 C, H, O **問4** (1) N (2) S (3) P

タンパク質とそのはたらき

　生物の体には多様なタンパク質が存在し，それらのはたらきが生命活動を支えている。タンパク質は ア 種類のアミノ酸が多数， イ 結合により重合した ウ からなる。アミノ酸は中心炭素(C)に エ 基，窒素(N)を含む オ 基，水素(H)， カ が結合した構造をもつ。 カ の部分はアミノ酸ごとに異なっている。一般に， ウ は(a)折りたたまれて特定の立体構造をとる。この時， キ と呼ばれる一群のタンパク質が折りたたみを助けることがある。正しく折りたたまれたタンパク質に熱を加えると，その立体構造が変化することがあり，これをタンパク質の ク と呼ぶ。

問1　文中の空欄に最も適切な語を答えよ。

問2　下線部(a)について答えよ。

（1）　タンパク質の二次構造を2種類答えよ。

（2）　タンパク質の二次構造を形成するために必要な結合として，適切なものを次から1つ選べ。

　　① イオン結合　　　② ギャップ結合　　　③ 水素結合

　　④ 相補的結合　　　⑤ リン酸結合　　　　⑥ S−S結合

問3　次の文(1)〜(4)で説明されるタンパク質として，最も適切なものを下の①〜⑨から1つずつ選べ。

（1）　植物において，青色光受容にはたらくタンパク質

（2）　生体膜において，水分子を受動的に透過させる管状のタンパク質

（3）　デンプンを加水分解し，マルトース(麦芽糖)へ変える反応を触媒するタンパク質

（4）　脊椎動物の細胞膜に存在する，個体ごとに固有の構造をもつため自己・非自己の識別に利用されるタンパク質

　　① Gタンパク質　　　② MHC分子　　　③ TLR

　　④ PINタンパク質　　⑤ アクアポリン　　⑥ アミラーゼ

　　⑦ フィトクロム　　　⑧ サイトカイン　　⑨ フォトトロピン

（近畿大）

（解説）　**問1**　タンパク質の構成単位はアミノ酸。**アミノ酸の基本構造と，ペプチド結合の様式は描けるようにしておこう。**ポリペプチド鎖は，正確に折りたたまれて(フォールディングして)固有の立体構造をとると，初めて機能をもつタンパク質となる。すべてのポリペプチド鎖が自然に

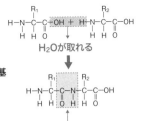

正確なタンパク質へと折りたたまれるのではなく，中にはシャペロンタンパク質に折りたたみを助けてもらうものもある。タンパク質は高温や極端な pH で容易に変性するが，変性したタンパク質を再度折りたたみ，正常な構造に戻すシャペロンもある。

〔アミノ酸の構造〕

ペプチド結合　※R₁, R₂は側鎖

問2　ポリペプチド鎖は高次構造をとって，タンパク質の立体構造をつくる。

一次構造：アミノ酸の配列順序。

二次構造：水素結合によるポリペプチド鎖の部分的な立体構造である，αヘリックス構造やβシート構造。

三次構造：**1本**のポリペプチド鎖が複雑に折りたたまれた分子全体の立体構造。

四次構造：三次構造をとった**複数本**のポリペプチド鎖が集まって形成される立体構造。

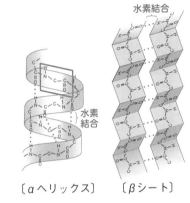

〔αヘリックス〕　〔βシート〕

問3　①　真核細胞の細胞質に存在し，細胞膜上の受容体に情報伝達物質が結合した際，**細胞内で情報伝達**にはたらくタンパク質。

③　トル様受容体(Toll-like receptor)。マクロファージなどの食細胞の細胞膜に存在し，**細菌やウイルスの認識**にはたらくタンパク質。

④　植物細胞膜に存在し，植物ホルモンであるオーキシンを細胞から排出するはたらきをもつ輸送タンパク質。

⑦　植物において**赤色光受容**にはたらくタンパク質。

⑧　動物において免疫細胞が分泌し，**細胞間の情報伝達**にはたらくタンパク質の総称。他の免疫細胞を活性化させるものや，ウイルスの増殖を抑制するものなど，いろいろな種類がある。

答
　問1　ア－20　イ－ペプチド　ウ－ポリペプチド(鎖)　エ－カルボキシ
　オ－アミノ　カ－側鎖　キ－シャペロン　ク－変性
　問2　(1)　α－ヘリックス，β－シート　(2)　③
　問3　(1)　⑨　(2)　⑤　(3)　⑥　(4)　②

真核細胞の構造

右図は植物細胞の微細構造の模式図である。

問1 図のA〜Fの構造物の名称を答えよ。

問2 次の(1)〜(5)で説明されている構造物を，図中のA〜Fからそれぞれ1つずつ選べ。

(1) 酸素を消費しながら有機物を分解してエネルギーを取り出す。

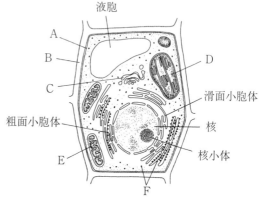

液胞
A
B
C
D
滑面小胞体
核
核小体
粗面小胞体
E
F

(2) セルロースやペクチンが組み合わさってできている。

(3) クロロフィルを含み，二酸化炭素と水から有機物を合成する。

(4) 細胞外への物質の分泌に関わる。

(5) タンパク質合成の場となる。

（京都産業大・神戸学院大）

 真核細胞は，核と，核以外の細胞構造物である細胞質からなる。真核細胞内には，さまざまな機能をもつ細胞小器官が存在する。

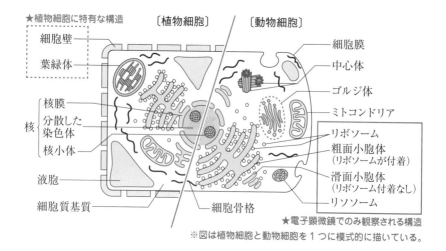

★植物細胞に特有な構造 〔植物細胞〕 〔動物細胞〕
細胞壁
葉緑体
核膜
核 分散した染色体
核小体
液胞
細胞質基質
細胞膜
中心体
ゴルジ体
ミトコンドリア
リボソーム
粗面小胞体（リボソームが付着）
滑面小胞体（リボソーム付着なし）
リソソーム
細胞骨格
★電子顕微鏡でのみ観察される構造
※図は植物細胞と動物細胞を1つに模式的に描いている。

構造		はたらき・特徴など
核	核 膜	核膜孔で内外が連続した**二重の膜**からなる。核の直径は $3 \sim 10\,\mu m$ 程度。
	核小体	$1 \sim$ 数個存在する。rRNA 合成の場。
	染色体	線状の DNA と，ヒストン(タンパク質)からなる。
細胞質	細胞膜	細胞内外の境界をなす。リン脂質**の二重層**からなる。
	細胞質基質(サイトゾル)	細胞内を満たす液体成分。
	ミトコンドリア	呼吸の場。内外独立した**二重膜**からなる。幅 $0.5\,\mu m$ 前後，長さ $1 \sim 10\,\mu m$。
	葉緑体	光合成の場。内外独立した**二重膜**からなる。直径 $5 \sim 10\,\mu m$，厚さ $2 \sim 3\,\mu m$ の凸レンズ型。
	ゴルジ体	細胞外への**物質の分泌**にはたらく。
	小胞体	核膜とつながった一重の膜からなる。細胞内の**物質の輸送路**としてはたらく。表面にリボソームが付着しているものを粗面小胞体，付着していないものを滑面小胞体という。
	中心体	直交する 2 つの中心小体からなる。微小管の形成起点となる。繊毛や鞭毛の**形成**などにもはたらく。
	リボソーム	**タンパク質合成**の場。
	リソソーム	加水分解酵素を含み，**細胞内消化**にはたらく。
	液 胞	成熟した植物細胞で発達する。内部は糖や有機酸，色素であるアントシアンなどを含む細胞液で満たされている。
細胞壁		炭水化物であるセルロースを主成分とする。

答　問1　A‐細胞膜　B‐細胞壁　C‐ゴルジ体　D‐葉緑体
　　　　E‐ミトコンドリア　F‐リボソーム
　　問2　(1)　E　　(2)　B　　(3)　D　　(4)　C　　(5)　F

問題 **04**

ミクロメーター

　右図は，光学顕微鏡で100倍で観察した視野に見られる2種類のミクロメーター（a，b）の一部を示している。なお，ミクロメーターaには1mmを100等分した目盛りが印されている。

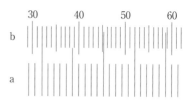

問1　この光学顕微鏡のレボルバーを操作した際，観察視野内でミクロメーターの目盛りの幅が変わって見えるのは，a，bのどちらか。また，そのミクロメーターの名称を答えよ。

問2　調節ネジ（鏡筒またはステージを上下させるネジ）の操作によるピントの変化について，最も適当なものを次から1つ選べ。
① ミクロメーターaのみ変化する。
② ミクロメーターbのみ変化する。
③ ミクロメーターa，bどちらも変化しない。

問3　100倍で観察したときのミクロメーターbの1目盛りが示す長さ（μm）はどれだけか，求めよ。

問4　この光学顕微鏡の対物レンズの倍率をかえて計測すると，ミクロメーターbの1目盛りが示す長さ（μm）は，図の場合のx倍になることを確認した。このとき，対物レンズの倍率を図の場合の何倍にしたと推測できるか。xを用いて表せ。

(岩手医大)

解説　細胞などの微小な物質の長さは，それぞれ等間隔に目盛りが入った接眼ミクロメーターと対物ミクロメーターを用いて測定する。接眼ミクロメーターは接眼レンズ内に，対物ミクロメーターはステージ上にセットする。

　接眼ミクロメーターは，常にピントが合う位置にセットされるため，ピント調節をしなくても**接眼ミクロメーターの目盛りは常にはっきり見える**。また，接眼ミクロメーターは対物レンズより上（顔側）にセットするため，対物レンズの倍率にかかわらず接

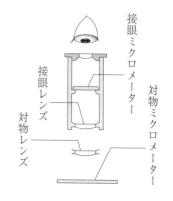

眼ミクロメーターの目盛りは同じ大きさ（同じ幅）で見える。

　対物ミクロメーターには 1mm を100等分した目盛り（＝10μm/ 目盛り）が刻まれている。対物ミクロメーターは接眼レンズ，対物レンズを挟んで見るため，対物ミクロメーターの目盛りはピント調節をしないとはっきり見えず，またレンズの倍率によって，見える大きさが変化する。

問1，2　1mm を100等分した目盛りが印されている a が対物ミクロメーター，b が接眼ミクロメーター。また，対物レンズの倍率を変化させた際に，目盛りの幅が変わったり，ピント調節によって見え方が変化したりするのは，対物ミクロメーター（ a ）のみ。

問3　図では，接眼ミクロメーター（ b ）20目盛りと，対物ミクロメーター（ a ）15目盛りが一致している。対物ミクロメーターは 1 目盛り 10μm なので，接眼ミクロメーターは（10〔μm/目盛り〕×15〔目盛り〕＝）150μm を20等分している。よって，接眼ミクロメーター 1 目盛りの長さは，

$$\frac{10〔\mu m/目盛り〕×15〔目盛り〕}{20〔目盛り〕} = \frac{150〔\mu m〕}{20〔目盛り〕} = 7.5〔\mu m/目盛り〕$$

問4　接眼ミクロメーターの目盛りは倍率にかかわらず，常に同じ大きさ（幅）で見えることに注意しよう。

　図の倍率（100倍）で，直径 7.5μm の物体を観察すると，ちょうど接眼ミクロメーター 1 目盛り

元の倍率	倍率を10倍大きくすると…

直径7.5μmの物体

30　　40　　　　30　　40

接眼ミクロメーター
1目盛りの幅

7.5μm　　　　0.75μm

倍率を10倍にすると，
1目盛りの幅は $\frac{1}{10}$ 倍になる

の幅に一致する。ここで，**倍率を10倍**にすると，**物体は10倍大きく拡大**され，接眼ミクロメーター10目盛りの幅に一致する。よって，このときの接眼ミクロメーター 1 目盛りの幅は 0.75μm。つまり，**倍率を10倍上げると**接眼ミクロメーターの**1目盛り**は $\frac{1}{10}$ **倍**になる。

　よって，接眼ミクロメーター（ b ）の 1 目盛りが x 倍になったのは，倍率を $\frac{1}{x}$ 倍にしたとき。

答　**問1**　a，対物ミクロメーター　　　**問2**　①　　　**問3**　7.5〔μm〕
　　問4　$\frac{1}{x}$ 倍

細胞分画法

　生物を形作っている細胞内には，特定の機能をもつさまざまな細胞小器官などの構造体が存在している。これらの構造体は，その大きさや密度の違いにより，分離することができる。図1は，ホウレンソウの葉の細胞を(a)すりつぶした細胞破砕液を遠心分離機にかけ，特定の構造体を沈殿させて分離する手順を模式的に示している。すりつぶし，および遠心分離は(b)等張なスクロース溶液内で，(c)冷却しながら行った。この方法により，細胞破砕液は遠心力(g)の大きさに応じて，4種の構造体のいずれかを主に含む沈殿P1〜沈殿P4と残りの上澄みSとに分けられる。

問1　下線部(a)のような実験手法のことを何というか。

問2　下線部(b)と(c)で実験を行う目的は何か。次からそれぞれ1つずつ選べ。

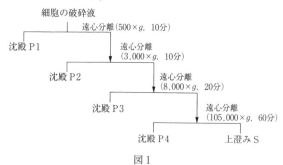

細胞の破砕液
遠心分離(500×g，10分)
沈殿P1
遠心分離(3,000×g，10分)
沈殿P2
遠心分離(8,000×g，20分)
沈殿P3
遠心分離(105,000×g，60分)
沈殿P4　　上澄みS

図1

① 酵素のはたらきを抑えて，細胞内の物質が変化しないようにするため。

② 細胞内の酵素反応を促進し，細胞内の物質を分解させるため。

③ 細胞の中に水を入りやすくし，その膜構造が壊れるようにするため。

④ 細胞小器官の中に水が入るのを防ぎ，その膜構造が壊れないようにするため。

問3　細胞質基質が主に含まれるのはどの分画か。次から1つ選べ。

① 沈殿P1　　　② 沈殿P2　　　③ 沈殿P3

④ 沈殿P4　　　⑤ 上澄みS

問4　呼吸の場となる細胞小器官が主に含まれるのはどの分画か。問3の①〜⑤から1つ選べ。

問5　植物細胞にしか存在せず，内部にクロロフィルをもつ構造体が主に含まれているのはどの分画か。問3の①〜⑤から1つ選べ。

問1 さまざまな細胞構造物を含む細胞破砕液を遠心分離器にかけると，**大きい構造物ほど小さい遠心力で沈殿する**ので，細胞構造物を大きさの順に分け取ることができる。この手法を**細胞分画法**という。

問2 細胞分画法では，細胞構造物を**細胞内に存在するときと近い状態**で取り出すための注意点が2つある。

Po*int 細胞分画法の注意点

① **等張液中で行う**：極端な低張液や高張液を用いると，浸透圧差による吸水や脱水により，細胞小器官が変形してしまう。それを防ぐため。

② **低温(4℃程度)で行う**：細胞内にはリソソーム(加水分解酵素を含む細胞小器官)があり，これが破れて出てきた**酵素が細胞構造物を分解する**のを防ぐため(一般的に酵素は4℃程度の低温では，はたらかない)。

その他，pHの変化による細胞構造物やタンパク質の変形を防ぐために，pH緩衝液を加えることもある。

問3～5 細胞分画法では，**大きい細胞構造物ほど小さい遠心力で沈殿する**。

Po*int 細胞分画法における沈降の順序(植物細胞)

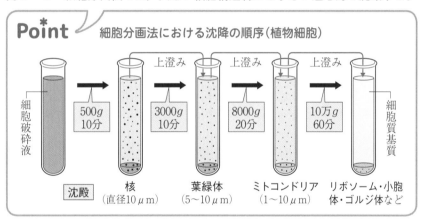

呼吸は，有機物を酸素を用いて分解しATPを合成する反応で，主にミトコンドリアで進行する。クロロフィルは，光のエネルギーを吸収し**光合成**にはたらく，葉緑体(沈殿P2)に含まれる色素である。液体である細胞質基質は沈殿せず，主に上澄みS中に含まれる。

 問1 細胞分画法 **問2** (b)-④ (c)-① **問3** ⑤
問4 ③ **問5** ②

2. 生体膜の構造とはたらき

生体膜と物質輸送

生体を構成している細胞は，細胞膜によって外界と隔てられている。細胞膜は，(a)リン脂質の分子が二層になって膜状に並んだ　　ア　　と，これに点在するように埋め込まれたタンパク質によって構成されている。リン脂質の分子やタンパク質は細胞膜中に固定されているのではなく，膜内で移動できる。このような特徴を有した細胞膜モデルを　　イ　　という。

細胞膜は，細胞質と外界を隔てるだけでなく，細胞内外の物質のやり取りを調節し，細胞の代謝や恒常性に大きく関わる。例えば，筋肉細胞にはグルコースの輸送を司るタンパク質が存在し，(b)細胞外のグルコース濃度が細胞内より高いときに，濃度差を利用して細胞内へグルコースを取り込むようにはたらいている。

問1　文中の空欄に最も適切な語を答えよ。

問2　下線部(a)に関して，次の①〜⑤のうち，細胞膜のリン脂質の部分を最も透過しやすい物質を1つ選べ。

①　アミノ酸　　　②　Cl^-　　　③　グルコース

④　酸素　　　　　⑤　水

問3　下線部(b)に関して答えよ。

(1)　このような生体膜を介した物質の輸送を何と呼ぶか。次から1つ選べ。

①　能動輸送　　　②　受動輸送　　　③　エンドサイトーシス

(2)　同様の物質輸送を行うタンパク質には，他にどのような例があるか。次から1つ選べ。

①　ナトリウムポンプ　　　②　アドレナリン受容体

③　アクアポリン

(龍谷大・センター試験)

解説　**問2**　リン脂質の部分は，O_2 や CO_2 などの低分子物質や，ステロイド系ホルモンなどの疎水性の分子は透過性が高い。しかし，水やアミノ酸，グルコースなどの極性をもつ物質や，Cl^-のように帯電した物質は透過性が低い。

問3　リン脂質二重層を通りにくい物質は，膜に埋め込まれた輸送タンパク質のはたらきや，膜の変形を伴う輸送によって生体膜を通過する。

1輸送タンパク質による輸送には，受動輸送と能動輸送がある。

受動輸送：エネルギーを用いず，濃度勾配に従う方向に物質を輸送。

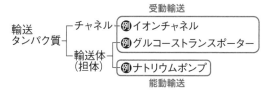

能動輸送：ATP を加水
分解して得たエネル
ギーなどを用いて，
濃度勾配に関係なく
物質を一方向に輸送。

2輸送タンパク質には，チャネルと輸送体（担体）とがある。

チャネル：膜を貫通した管状の構造で，特定の物質の**受動輸送の通路**となる。

輸送体：**特定の物質と結合した後に構造変化して，膜の反対側で放すことで
物質を運搬**する。輸送体には，受動輸送にはたらくものと能動輸送にはた
らくものがあり，受動輸送にはたらくものにグルコーストランスポーター
（GLUT），能動輸送にはたらくものにナトリウムポンプなどがある。

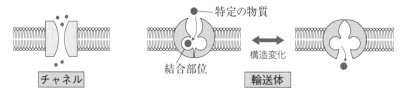

(1) 下線部(b)は，濃度差を利用して，濃度の高い方から低い方へと濃度勾配
に従ってグルコースを輸送しているので，②受動輸送。

③ 細胞膜のリン脂質二重層や輸送タンパク質を透過できない大きな分子
が細胞内外を移動するときには，**膜の変形を伴う輸送**が起こる。細胞内
に物質を取り込むときに起こる現象がエンドサイトーシス，細胞外へ物
質を放出するときに起こる現象がエキソサイトーシスである。

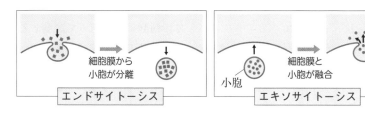

(2) 下線部(b)と同様の物質輸送を行うタンパク質としては，細尿管や赤血球
の細胞膜に多く存在する**水チャネル**である③アクアポリンを選ぶ。

① ナトリウムポンプとしてはたらいているのは，Na^+ を細胞外へ，K^+
を細胞内へ能動輸送する Na^+-K^+ ATP アーゼという酵素である。

答 問1 アーリン脂質二重層 イー流動モザイクモデル
問2 ④ 問3 (1) ② (2) ③

問題 07

細胞骨格

　真核細胞の細胞質中には，繊維状につながりをもったタンパク質が分布しており，これを細胞骨格という。細胞骨格はアクチンフィラメント，微小管，中間径フィラメントの3タイプに分けられる。細胞骨格は細胞の形態保持や細胞小器官の配置にはたらくほか，周囲の細胞との細胞間接着にはたらくものもある。

問1　細胞骨格に関する記述として誤っているものを，次からすべて選べ。

① 　微小管が最も太く，アクチンフィラメントが最も細い。

② 　中間径フィラメントは，チューブリンという球状タンパク質が多数重合したものである。

③ 　アクチンフィラメントは，アクチンという繊維状タンパク質が多数重合したものである。

④ 　アクチンフィラメントは，動物の細胞質分裂のくびれ込みにはたらく。

⑤ 　アクチンフィラメントは，アメーバ運動にはたらく。

⑥ 　微小管は，細胞分裂時には紡錘体を形成し，染色体の分配にはたらく。

⑦ 　中間径フィラメントは，繊毛や鞭毛を構成し，それぞれの運動にはたらく。

⑧ 　中間径フィラメントは，細胞の形や核の形および位置を保つのにはたらく。

⑨ 　微小管は，動物細胞では中心体を起点とし，細胞の周辺に向かって放射状に伸びる。

問2　(1)　ATPのエネルギーを利用して，細胞骨格に沿って運動することにより，物質の輸送を行うタンパク質を何というか答えよ。

　(2)　(1)のうち，微小管上を移動するタンパク質の名称を2つ答えよ。

　(3)　(1)のうち，アクチンフィラメント上を移動するタンパク質の名称を1つ答えよ。

　問1　①　太さは，微小管（直径25nm）＞中間径フィラメント（直径10nm）＞アクチンフィラメント（直径7nm）。正しい。

② 　球状タンパク質のチューブリンが重合してできているのは微小管。中間径フィラメントは，ケラチンなどの繊維状タンパク質からなる。

③ 　アクチンは球状のタンパク質で，アクチンが重合したアクチン鎖が，2

本より合わさってアクチンフィラメントになっている。

④ 動物細胞の細胞質分裂は，赤道面の周囲の細胞膜付近にあるアクチンフィラメントとミオシンからなる輪が徐々に収縮することで，外側からのくびれ込みが起こる。正しい。なお，植物細胞の細胞質分裂は細胞板による。

⑥ 動物細胞では細胞分裂の際，中心体が起点となって微小管が伸長する。伸長した微小管は染色体の動原体に結合したり，両極の中心体間を結んだりする。後期になると微小管は短くなり，染色体を両極へと移動させるのにはたらく。正しい。

⑦ 繊毛運動や鞭毛運動にはたらくのは微小管。

⑨ 中心体は，微小管が集まってできた中心小体（中心粒）2個からなる細胞小器官。動物の精子の構造を見ると，中心体が起点となって微小管が伸びており，微小管が鞭毛を形成していることがよくわかる（問題48参照）。正しい。精子の中心体は受精後に精子の核とともに卵内に入り，微小管によって卵の核と精子の核を引き寄せることで核の融合にもはたらく。

	構成タンパク質	はたらき
微小管 （直径 25 nm）	チューブリン	鞭毛・繊毛運動 細胞分裂（紡錘糸）
中間径フィラメント （10 nm）	ケラチンなど	細胞の構造の維持 核の形の維持
アクチンフィラメント （7 nm）	アクチン	筋収縮，動物細胞の細胞質分裂， 原形質流動，アメーバ運動

問2 モータータンパク質は，ATP分解酵素活性をもち，ATPを分解して生じたエネルギーを利用して細胞骨格上を移動するタンパク質。ダイニン，キネシン，ミオシンの3種類がある。

ダイニン・キネシン：微小管上を移動する。微小管のはたらきである鞭毛・繊毛運動や，染色体を移動させる紡錘糸としてのはたらきは，ダイニンやキネシンが動力になっている。

ミオシン：アクチンフィラメント上を移動する。アクチンフィラメントのはたらきである筋収縮，動物細胞の細胞質分裂，原形質流動は，ミオシンが動力になっている。

問1 ②，③，⑦

問2 （1）モータータンパク質 （2）ダイニン，キネシン

（3）ミオシン

細胞接着

生物

　右図は，小腸上皮細胞でみられる細胞間結合と細胞骨格の一部を，模式的に表している。

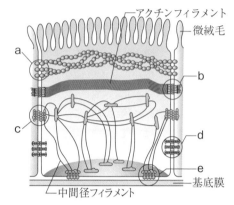

問 1　図中 a 〜 e の構造の名称を，次から 1 つずつ選べ。

① ギャップ結合

② 接着結合

③ デスモソーム

④ ヘミデスモソーム

⑤ 密着結合

問 2　図中 b，c，e は，いずれも膜タンパク質を介して細胞骨格を他の細胞の細胞骨格や細胞外基質に結合させている。このような結合をまとめて何と呼ぶか，名称を答えよ。

問 3　c ではたらく膜タンパク質には立体構造の異なるいろいろな型があり，互いに同じ型どうしでないと結合しない。このタンパク質の立体構造の維持に必要なものを，次から 1 つ選べ。

① Na^+　　　② K^+　　　③ Mg^{2+}

④ Ca^{2+}　　⑤ Fe^{2+}　　⑥ Zn^{2+}

問 4　植物細胞では，細胞は細胞壁によってそれぞれ隔てられているが，細胞壁の穴で隣接する細胞の細胞膜がつながっている。このような細胞膜を通してできる細胞質の連結を何と呼ぶか答えよ。

解説　**問 1，2**　多細胞生物における，細胞と隣接細胞や細胞外の構造との接着を細胞接着という。細

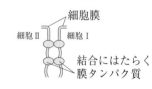

胞接着には，細胞膜の接着タンパク質や細胞骨格が関わる。

　多細胞動物でみられる細胞接着は，大きく密着結合，固定結合，ギャップ結合の 3 つに分けられる。

密着結合：細胞膜を貫通する接着タンパク質どうしによる，小さな分子も通さない，細胞間の結合。

固定結合：接着タンパク質により，細胞外の
構造と細胞骨格とをつなぐ結合。固定結合
には，次の表のような種類がある。

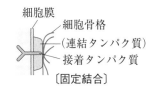

〔固定結合〕

	接着タンパク質	細胞外の構造	細胞骨格
接着結合	カドヘリン	隣接細胞の カドヘリン	アクチン フィラメント
デスモソーム	カドヘリン	隣接細胞の カドヘリン	中間径フィラメント
ヘミデスモソーム	インテグリン	※細胞外基質 （細胞外マトリックス）	中間径フィラメント

※細胞の外側にある構造。

ギャップ結合：管状の接着タンパク質によ
る，細胞どうしの結合＆細胞間の通路。

問3 カドヘリンは膜貫通型のタンパク質で，
**立体構造が同一の型のカドヘリンどうしでの
み結合できる。カドヘリンの立体構造維持に
は** Ca^{2+} **が必要で**，Ca^{2+} を除去した培養液中
で動物の組織を培養すると，カドヘリンの接着力が弱まって細胞が解離しや
すくなる。

〔ギャップ結合〕

問4 植物細胞の細胞壁にはたくさんの穴が開
いている。隣接細胞間ではこの穴を介して細
胞質がつながっており，この構造を原形質連
絡という。この原形質連絡の機能はギャップ
結合とほぼ同じだが，**細胞膜どうしがつな
がっている**点でギャップ結合とは異なる。

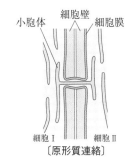

〔原形質連絡〕

問1 a−⑤ b−② c−③ d−① e−④
問2 固定結合 **問3** ④ **問4** 原形質連絡

3. 体細胞分裂

体細胞分裂の過程と押しつぶし法

　からだを構成する体細胞は，体細胞分裂によって増殖する。体細胞分裂では，まず，核分裂が起こり，続いて細胞質分裂が起こる。核分裂が行われる時期を分裂期（M期）といい，分裂期は，さらに，核の形態変化に基づいて，前期・中期・後期・終期に分けられる。核分裂が終了してから次の核分裂が始まるまでの期間は(a)間期と呼ばれる。体細胞分裂を観察するために，タマネギの根を用いて下記の方法で実験を行った。

【方法】　①発根させたタマネギから根の先端1〜2cmを切り取り，(b)酢酸に10分間以上つけた。②その根を(c)3％塩酸の入った試験管に入れ，60℃の湯で3分間程度湯せんした。③根を水洗し，ろ紙で水をぬぐった後，スライドガラスに取り，根端部分（先端から1mm程度）と他の部分に切り分けた。④根端部分に酢酸オルセイン液を滴下し，5分間以上放置した。⑤カバーガラスをかけ，さらに，ろ紙をかぶせて指で強く押しつぶして，プレパラートを作成した。⑥顕微鏡でそのプレパラートを観察した。

【結果】　1200個の細胞を観察した。そのうち分裂期の細胞数は，右表のように220個だった。

表　観察した全細胞数と分裂各期の細胞数

観察した細胞数	分裂各期の細胞数				
	前期	中期	後期	終期	計
1200	140	20	25	35	220

問1　下線部(a)では，細胞内でどのようなことが行われているか，30字以内で答えよ。

問2　下線部(b)および下線部(c)の処理をする理由を，それぞれ30字以内で答えよ。

問3　前期の所要時間（分）を答えよ。ただし，観察した細胞は細胞周期の各時期に一様に分布し，すべての細胞は同じ速度で細胞周期を回り続けるとする。間期の時間は378分として計算せよ。

（名城大）

問1　体細胞分裂では，母細胞で染色体が複製され，2個の娘細胞に分配される。**染色体複製は**間期に，**分配は**分裂期（M期）に行われる。間期はG₁期（DNA合成準備期），S期（DNA合成期），G₂期（分裂準備期）からなる。染色体の成分であるDNAはS期に合成される。母細胞は2個の娘細胞へ染色体を1本ずつ分配するために，各染色体を2本ずつもつようになる。

問2 顕微鏡観察する際の顕微鏡標本（プレパラート）の作成法のうち，この実験のように，柔らかい組織を押しつぶして細胞の薄い層を作るプレパラート作成法を押しつぶし法という。一般に次の **Point** に示した手順で行う。

> ## Po**i**nt　押しつぶし法の手順
> **手順1**　固定：細胞が生きていたときの構造を保つ。
> **手順2**　解離：押しつぶしに備え，細胞間の結合を緩める。
> **手順3**　染色：染色体に色を付け，観察しやすくする。
> **手順4**　押しつぶし：細胞を一層に押し広げ，細胞の重なりをなくす。

　固定は細胞構造の分解や腐敗を防ぐ目的で，酢酸やエタノールなどに浸す操作。顕微鏡観察する際に細胞が重なっていると観察しにくいので，解離で細胞間の結合を緩めた後に押しつぶし，細胞をバラバラにして像の重なりをなくす。

問3　細胞周期の各期に要する時間の長さの求め方は必ず理解しよう。

> ## Po**i**nt　細胞周期各期に要する時間の長さと，各期にある細胞の数
> 　ランダムに分裂している細胞集団では，細胞周期各期に要する**時間の長さ**と，各期にある**細胞の数**は**比例**する。

　観察した1200個の細胞のうち分裂期の細胞は220個なので，間期の細胞は，$1200 - 220 = 980$個。

　各期にある細胞数と各期の長さは比例関係にあるので，前期に要する時間をx（分）とすると，

$$\begin{array}{cccccc} \text{間期の長さ} & : & \text{間期の細胞数} & = & \text{前期の長さ} & : & \text{前期の細胞数} \\ 378\text{分} & : & 980\text{個} & = & x\text{分} & : & 140\text{個} \end{array}$$

となり，$x = \dfrac{378 \times 140}{980} = 54$（分）

　問1　DNA が合成されて染色体が複製され，分裂の準備が行われる。（29字）

　　問2　(b)　細胞の構造を，細胞が生きていたときに近い状態に保つ。（26字）

　　　　(c)　細胞間の結合を緩め，バラバラにしやすくする。（22字）

　　問3　54分

体細胞を必要な成分を含む培養液中で培養すると，分裂を繰り返して増殖する。この細胞増殖における間期と分裂期（M期）の繰り返しの周期を細胞周期といい，間期はG_1期，S期，G_2期に分けられる。

図1は分裂を繰り返している動物細胞の細胞数を時間経過に従って測定した結果である。

次に，その培養細胞10,000個を固定，染色し，細胞1個当たりのDNA量を測定すると図2のようにA群，B群，C群に分けることができた。

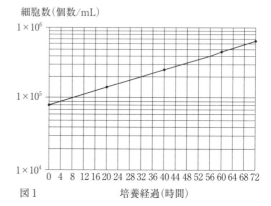

図1

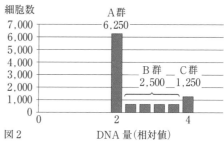

図2

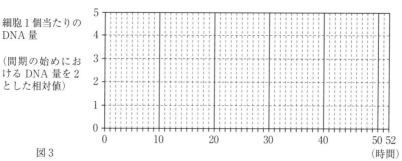

図3

問1 この培養条件で細胞周期の1周期に要する時間は何時間か。

問2 図2のA群，B群，C群はそれぞれM期，G_1期，S期，G_2期のどの期間の細胞を含むと考えられるか。

問3 上記の条件で同じ細胞が分裂を繰り返すものとする。細胞1個当たりのDNA量の変化のグラフを図3に記入せよ。0時間を間期の始めとし，

そのときの DNA 量を 2 とした相対値で52時間までを表すこと。

(山梨大)

 問1　細胞周期を1周すると，**細胞数は2倍になる**。細胞数を示す縦軸が対数目盛りであることに注意して，細胞数が2倍になる時間を読み取ろう。培養経過8時間目で 1×10^5 個だった細胞数は，32時間目には 2×10^5 個，56時間には 4×10^5 個に増加している。いずれも**24時間で2倍になっている**ので，この細胞集団の細胞周期は**24時間**とわかる。

問2　体細胞分裂では間期の**S期に染色体が複製**され，複製された染色体は**分裂期の最後に娘細胞へと分配**される。染色体はDNAを成分とするので，細胞当たりの DNA 量は右図のように変化する。

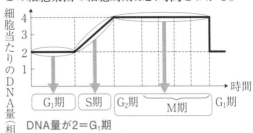

DNA量が2＝G$_1$期
2〜4＝S期
4＝G$_2$期＆M期

問3　問1より，細胞周期は24時間。細胞周期各期に要する時間の長さは，各期にある細胞の数に比例する。問2および図2より，G$_1$期

A群	B群	C群
G$_1$期	S期	G$_2$期・M期
62.5%	25.0%	12.5%
15時間	6時間	3時間

に要する時間は細胞周期の62.5%なので，$24 \times 62.5\% = 15$時間。S期に要する時間は細胞周期の25%なので，$24 \times 25\% = 6$時間。G$_2$期とM期に要する時間の和は細胞周期の12.5%なので，$24 \times 12.5\% = 3$時間となる。

 問1　24時間　**問2**　A群−G$_1$期　B群−S期　C群−M期，G$_2$期
問3　下図参照

細胞1個当たりの
DNA量

（間期の始めにおける DNA 量を2とした相対値）

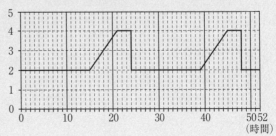

問題 11

4. 生物の進化

化学進化と生命の誕生　　　　　　　　　　　　　　　　　　　生物

　地球の誕生は今から約 [　ア　] 億年前とされている。地球誕生の頃の太陽系には多くの微惑星が存在し，原始地球に衝突した。原始地球の大気は衝突した微惑星に含まれていたガスに由来し，二酸化炭素，一酸化炭素，窒素，水蒸気などが主な成分であった。微惑星の衝突がおさまり地表面が次第に冷えると，大気中の水蒸気が雨となって地表に降り注ぎ原始海洋が作られた。

　生命は原始海洋で誕生したと考えられている。今までに知られている最古の化石は，約 [　イ　] 億年前の地層から発見された原始的な細菌類である。また，グリーンランドの約38億年前の地層からは，生物の存在を示すと思われる炭素の蓄積が発見されている。これらの事実から，原始的な生命体は約40億年前に存在していたと考えられている。

　(a)原始地球において，生命が誕生するためには，その材料である有機物が生じる必要があった。この有機物の起源について，原始海洋に多く存在していたと推測され現在の海洋底にも存在する [　ウ　] において，地下のマグマで熱せられた 350℃ 以上の高温の海水と(b)メタン，アンモニア，水素，[　エ　] が，高圧のもとで反応し合い，有機物が生じたという説がある。生じた有機物は互いに反応し合いタンパク質や核酸など複雑な有機物ができ，次第に生命体を構成する高分子化合物が蓄積し，それらが集合体となり(c)原始生命体となったと考えられている。

問 1　文中の [　ア　] ，[　イ　] に適する数値の組合せを，次から 1 つ選べ。
　①　46，35　　　②　50，35　　　③　46，25

問 2　下線部(a)に関して，原始地球において，最初の生命体が誕生するのに先立って起こった一連の化学変化を何というか。

問 3　文中の [　ウ　] にあてはまる語句を記せ。

問 4　下線部(b)の物質と水からタンパク質を構成する20種類のアミノ酸が合成されたと考えられる。[　エ　] にあてはまる物質を次から 1 つ選べ。
　①　二酸化炭素　　　②　窒素　　　③　酸素　　　④　硫化水素

問 5　下線部(c)が誕生するために必要な条件として適切なものを，次からすべて選べ。
　①　大きさが $10\mu m$ 以上である　　　②　物質の代謝が可能である

③ 自己複製が可能である　　④ 無機物から有機物を産生できる

⑤ 自己と外界を分ける膜をもっている

（立命館大・東邦大・麻布大）

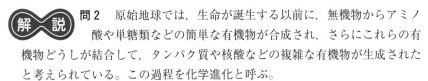

問2　原始地球では，生命が誕生する以前に，無機物からアミノ酸や単糖類などの簡単な有機物が合成され，さらにこれらの有機物どうしが結合して，タンパク質や核酸などの複雑な有機物が生成されたと考えられている。この過程を**化学進化**と呼ぶ。

問3，4　地殻運動が活発な深海底域に存在する**熱水噴出孔**では，350℃にも熱せられた高温・高圧の海水が噴出している。熱水噴出孔ではメタン（CH_4）・アンモニア（NH_3）・水素（H_2）・硫化水素（H_2S）などの濃度が高く，化学進化や生命の誕生がここで起こったとする説が注目されている。**タンパク質の構成元素は C，H，O，N，S なので，** エ には硫黄（S）を含む硫化水素（H_2S）が入る。

> **Point** 熱水噴出孔
>
> 　深い海底に存在する，地球内部から熱せられた海水が噴出している孔。
> ① 硫化水素・水素・メタン・アンモニアなどの物質濃度が高い
> ② 高い水圧がかかっている
> ③ 高い水圧により水の沸点が高くなっている
> **という化学反応が起こりやすい条件が揃っており，化学進化や生命誕生の場となった可能性が考えられている。**

問5　原始生命体の出現には，**秩序だった代謝を行う能力，体内を外界と隔てる構造，自己増殖をする能力**が備わる必要があった。

① 誤り。原核生物のように，大きさが $10\,\mu m$ 未満の生物も存在する。

④ 誤り。無機物から有機物を合成する反応を炭酸同化という。光合成を行う植物のように，炭酸同化を行える独立栄養生物だけでなく，ヒトのように炭酸同化を行えない従属栄養生物も存在する。

　問1 ①　　**問2** 化学進化　　**問3** 熱水噴出孔
　　　　問4 ④　　**問5** ②，③，⑤

生命誕生, 大気組成の変化

生物

　地球上に生命が誕生したのは, 約38〜40億年前だと考えられている。最初の生物が海水中の有機物を取り込み酸素を用いずに分解する過程でエネルギーを取り出す　ア　栄養生物なのか, 化学反応を利用して自ら有機物を合成する　イ　栄養生物なのかははっきりしない。いずれにしても, 当時の地球には遊離した酸素が存在しなかったことから, 　ウ　性生物であったと考えられる。やがて, およそ20〜30億年前に, 酸素発生型の(a)を行う生物により, 海水中の鉄分が大量に酸化されて沈殿・堆積し, 大気中に酸素が蓄積し始めた。酸素は反応性が高いために, 当時の生物にとって有害な物質であり, 水中の酸素が増加するに伴って多くの生物が絶滅したと考えられている。やがて, それら　ウ　性生物の中から, 酸素を利用して効率よくエネルギーを取り出す　エ　性生物が登場した。その後, 真核生物が出現し, 約10億年前には多細胞生物が出現した。オーストラリアで約6億年前の地層から発掘された多細胞生物の化石は, 　オ　生物群と呼ばれている。その後, 大気中の分子状酸素からオゾンがつくられ, 成層圏にオゾン層が形成されたために地表では(b)が減少し, 生物の生存が可能になった。植物は, 水中の藻類が安全になった地上に適応した結果, 誕生したと考えられている。

問1　文中の　ア　〜　オ　に適切な語句を入れよ。

問2　文中の(a), (b)に入る語として最も適当なものを, それぞれの選択肢から1つずつ選べ。

　(a)：① 光合成　　　② 化学合成　　　③ 呼吸

　(b)：① 放射線　　　② 紫外線　　　③ 赤外線

問3　下線部の生物の名称として最も適当なものを, 次から1つ選べ。

　① アゾトバクター　　　　② クロストリジウム

　③ シアノバクテリア　　　④ ストロマトライト

問4　下線部の生物に関する次の記述のうち, 最も適当なものを1つ選べ。

　① 無機物を酸化して得られるエネルギーを使用して生きている。

　② 沼や池にすんでいる原生生物である。

　③ クロロフィルをもち光エネルギーを用いて有機物を合成する。

　④ 他の生物を捕食する従属栄養生物である。

（獨協医大・創価大）

解説 **問1** 最初の生物が，化学進化で生じた有機物を取り込んで利用する従属栄養生物であったのか，化学合成や光合成を行って有機物を合成できる独立栄養生物であったのかは，まだよくわかっていない。しかし，**原始地球には分子状酸素（O_2）がほとんど存在していなかったこと**から，**最初の生物は嫌気性生物であった**と考えられる。やがて，**酸素発生型の光合成を行う原核生物であるシアノバクテリアが出現**した後に，**シアノバクテリアが放出した酸素を利用する好気性生物が出現**した。

問2，3 約27億年前の地層からは，**シアノバクテリアの遺体などからできるストロマトライトという化石**が発見されており，この時代からシアノバクテリアが大繁殖していたことがわかる。また，**シアノバクテリアが放出した酸素が，海水中の鉄と反応して酸化鉄となって沈殿・堆積したものを縞状鉄鉱層**という。また，大気中に放出された酸素（O_2）からオゾン（O_3）層が成層圏に形成された。**オゾン層は，太陽から降り注ぐ生物にとって有害な紫外線を吸収するため，オゾン層の形成により生物の陸上進出が可能になった。**

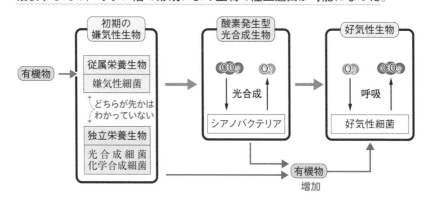

問4 ①，③ 無機物を酸化して得られるエネルギーを用いて有機物を合成する反応は化学合成。シアノバクテリアは，クロロフィルによって吸収した光エネルギーを用いて光合成を行う。

② 原生生物は主に単細胞の真核生物を含む分類群。シアノバクテリアは原核生物であり，原生生物には属さない。

④ シアノバクテリアは光合成を行う独立栄養生物で，他の生物を捕食する従属栄養生物ではない。

答 **問1** アー従属 イー独立 ウー嫌気 エー好気 オーエディアカラ
問2 a－① b－② **問3** ③ **問4** ③

問題 13　原核生物と真核生物

現生の生物は，原核生物と真核生物に分けられる。次の問いに答えよ。

問1　真核生物の細胞にはあるが原核生物の細胞にはない構造を，次からすべて選べ。

① 核膜　　② ミトコンドリア　　③ リボソーム　　④ 葉緑体

問2　原核生物に分類される生物を，次から3つ選べ。

① ケイソウ　　　　② 酵母　　　　　　③ シャジクモ

④ 乳酸菌　　　　　⑤ ネンジュモ　　　⑥ ホコリカビ

⑦ ボルボックス　　⑧ ミドリムシ　　　⑨ メタン生成菌

問3　進化の過程で原核生物が細胞内に共生して真核生物の細胞小器官になったとする「共生説」に関して，適当な記述を次からすべて選べ。

① 光合成を行うシアノバクテリアが細胞内に取り込まれてミトコンドリアになった。

② 呼吸を行う細菌が細胞内に取り込まれて葉緑体になった。

③ 乳酸菌の一種が細胞内に取り込まれて液胞になった。

④ ミトコンドリアと葉緑体の内部には核内の DNA とは異なる独自の DNA が存在することが，共生説の根拠の1つとして考えられている。

⑤ まず呼吸を行う細菌が細胞内に取り込まれて共生し，その後に光合成を行うシアノバクテリアが取り込まれて共生したと考えられている。

(愛知淑徳大)

　問1　生物は，原核細胞からなる原核生物と，真核細胞からなる真核生物とに分けられる。

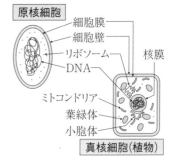

原核細胞は核膜をもたず，DNA は細胞質基質に存在する。真核細胞では DNA は核膜に包まれ，核内に存在する。また，原核細胞に存在する細胞小器官はリボソームのみなのに対し，真核細胞では核のほか，ミトコンドリア，葉緑体など，細胞の種類によりさまざまな細胞小器官をもつ。

Point 原核細胞と真核細胞

	原核細胞	真核細胞
DNA	核様体として細胞質基質に存在	核膜に包まれ，核内に存在
細胞小器官	リボソーム	核，ミトコンドリア，葉緑体，ゴルジ体，リボソームなど
生物例	細菌（大腸菌，イシクラゲ）アーキア（メタン生成菌）	動物（ショウジョウバエ），植物（シロイヌナズナ），菌（アカパンカビ）

問2 原核生物は細菌（バクテリア）とアーキア（古細菌）に分けられる。

代表的な細菌：大腸菌，乳酸菌，<u>イシクラゲ，ネンジュモ，ユレモ</u>
　　　　　　　　　　　　　　↑
　　　　植物と同じ酸素発生型の光合成を行い，特にシアノバクテリアと呼ばれる。

代表的なアーキア：メタン生成菌，好熱菌，高度好塩菌

問3 「原始的な真核細胞に，**好気性細菌が細胞内共生してミトコンドリアに，シアノバクテリアが細胞内共生して葉緑体**になった」という考えを共生説（細胞内共生説）という。この説の根拠となったのは，ミトコンドリアと葉緑体で共通する以下の事実などである。

- ・**独自のDNA**をもち，**分裂**によって増える。
- ・内外が独立した**二重の膜構造**をもつ。

　なお，すべての真核細胞がミトコンドリアをもち，葉緑体は一部の真核細胞のみがもつことから，**呼吸を行う好気性細菌が先に共生し，その後で一部の細胞に光合成を行うシアノバクテリアが共生した**と考えられている。

Point ミトコンドリアと葉緑体の起源

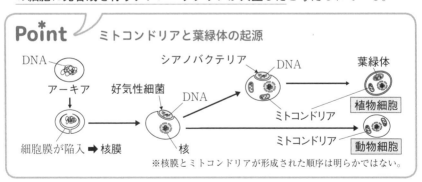

 問Ⅰ ①，②，④　　**問2** ④，⑤，⑨　　**問3** ④，⑤

下図は地質時代と生物の変遷をまとめたものである。これについて以下の問いに答えよ。

動物	出現	無ガク類		①	②	③		④	⑤		人類		
	繁栄	カイメン		サンゴ	①	②		③	恐竜類		④		
植物	出現			⑥	⑦					⑧			
	繁栄		藻類			木生シダ			⑦		⑧		

	(あ)	(い)											
	↓	↓											
	542	488	440	416	359	299	251	200	146	66	2.6(百万年前)
	カンブリア紀	オルドビス紀	(a)紀	(b)紀	(c)紀	ペルム紀(二畳紀)	三畳紀	(d)紀	(e)紀	第三紀	第四紀
先カンブリア時代		古生代					中生代			新生代	

問1 図の(あ)は真核生物の出現を示す。(あ)の年代として最も適当なものを，次から1つ選べ。

　ア．46億年前　　　イ．35～40億年前
　ウ．25億年前　　　エ．15～21億年前

問2 図の(い)はカンブリア爆発(カンブリア紀の大爆発)と呼ばれる現象が起こった時期を示す。カンブリア爆発についての記述として最も適切なものを，次から1つ選べ。

　① 多くの水生生物が絶滅した
　② さまざまな動物と陸上植物が出現した
　③ さまざまな大型昆虫が出現した
　④ 地上の植物がほとんど消滅した
　⑤ 多様な形態をもつ動物が出現した

問3 図の①～⑧にあてはまる生物の分類群を，次からそれぞれ1つずつ選べ。ただし，図中で繰り返し用いられている番号は同じ生物であることを示す。

　ア．魚類　　　　イ．鳥類　　　　ウ．両生類　　　エ．哺乳類
　オ．甲殻類　　　カ．は虫類　　　キ．シダ植物　　ク．被子植物
　ケ．裸子植物　　コ．菌類　　　　サ．コケ植物　　シ．細菌類

問4 図の(a)～(e)にあてはまる用語を答えよ。

(弘前大・創価大)

問 1　真核生物の最古の化石は，21億年前の地層から見つかった。

問 2　古生代のカンブリア紀には，**多様な大型多細胞動物の急激な増加と藻類の大増殖**が起き，これを**カンブリア爆発**（カンブリア紀の大爆発）という。

問 3　地球の誕生後，最古の岩石が形成されてから現在までの期間を地質時代という。地質時代は，主に動物界の変遷に基づき，大きく先カンブリア時代と顕生累代（古生代・中生代・新生代）に分けられる。

Point　脊椎動物と陸上植物の出現と繁栄

脊椎動物	**魚　類**：シルル紀に出現，デボン紀に繁栄。
	両生類：デボン紀に出現，石炭紀に繁栄。
	は虫類：石炭紀に出現，恐竜類がジュラ紀に繁栄。
	哺乳類：三畳紀（トリアス紀）に出現，新生代に繁栄。
	鳥　類：ジュラ紀に出現。
陸上植物	**クックソニア**：シルル紀の地層で発見された，維管束をもたず胞子のうをもつ，最古の陸上植物の化石。
	シダ植物：シルル紀に出現，木生シダが石炭紀に繁栄。
	裸子植物：デボン紀に出現，ジュラ紀に繁栄。
	被子植物：白亜紀に出現，新生代に繁栄。

答
問 1 エ　　**問 2** ⑤
問 3 ①－ア　②－ウ　③－カ　④－エ　⑤－イ　⑥－キ　⑦－ケ
　　　　⑧－ク
問 4 (a)－シルル　(b)－デボン　(c)－石炭　(d)－ジュラ　(e)－白亜

減数分裂では体細胞分裂と同様に，まず間期に核内で DNA が複製される。その後，第一分裂前期で染色体は凝縮して太いひも状になり，　ア　染色体どうしが対合して　イ　染色体を形成する。このとき　ア　染色体間で　ウ　が起こり染色体の一部が交換されると，　エ　している遺伝子の組合せが変わる。これを組換えという。第一分裂中期で　イ　染色体は紡錘体の赤道面に並び，第一分裂後期で　イ　染色体が対合面で分かれて，分離したそれぞれの　ア　染色体は両極のどちらかに分配される。母親由来と父親由来の　ア　染色体がそれぞれどちらの極に分配されるかは，　イ　染色体ごとにランダムである。第一分裂終期では細胞質が分離し，その後ただちに第二分裂が始まる。第二分裂では体細胞分裂と同様に各染色体が縦裂面で分かれて二等分され，それぞれが娘細胞に分配される。

問 1　上の文中の空欄に入る適切な語句を記せ。

問 2　$2n = 4$ の生物について，減数分裂の第一分裂終了後の 2 つの細胞における染色体の組合せを示した図として適切なものを下の図①〜⑧からすべて選べ。ただし，図中の染色体の黒色部，白色部は，それぞれが父親由来，母親由来であることを示し，染色体中央部の円は動原体を示している。また，組換えは発生しないものとする。

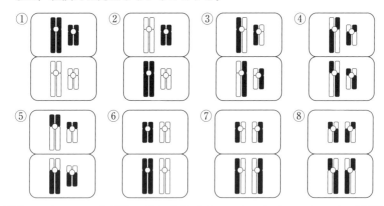

問 3　ソラマメの体細胞の染色体数は $2n = 12$ である。ソラマメの配偶子における染色体の組合せは何通りになるか記せ。ただし，組換えは発生しないものとする。なお，解答は a^m（m は指数）のかたちで表記してもよい。

（宮崎大）

問2 減数分裂では，①間期に染色体の複製が起こり，生じた2本の染色体は動原体でつながっている。②第一分裂前期に相同染色体が対合し，合計4本の染色体が集まった二価染色体となる。中期に赤道面に並び，後期に対合面から分離し，③終期に2個の娘細胞へ分配される。

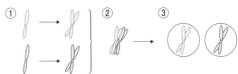

　　動原体でつながっている2本の染色体は，**複製されたもの**で，「組換えは発生しない」とあるので，2本とも白もしくは黒（③，④，⑤，⑦，⑧は×）。1組の相同染色体は2個の娘細胞に1つずつ分配され，**同じ細胞内には存在しない**（⑥，⑦，⑧は×）。

問3 ソラマメの体細胞の核相は $2n = 12$（$2_n = 12$）。これは，ソラマメの体細胞には，各相同染色体が**2本**ずつ，第1染色体から第6染色体まで，合計**12本**の染色体が存在することを意味する。減数分裂を行うと，娘細胞の核相は半減し，$n = 6$（$1_n = 6$）となる。これは，各相同染色体が**1本**ずつ，第1染色体から第6染色体まで，合計**6本**の染色体が存在することを意味する。娘細胞には，第1染色体から第6染色体まで，**父親由来と母親由来の1組（2本）の相同染色体**から，どちらか**1本が分配される**。よって娘細胞の染色体の組合せは，$2 \times 2 \times 2 \times 2 \times 2 \times 2 = 2^6 = 64$通りとなる。

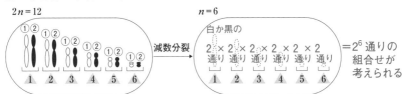

Po⃰int 染色体の組合せ

　　$2n$ の母細胞から生じる娘細胞の染色体構成は，最大で2^n 通り。
　　ただし，乗換えが起きるとさらに多様性は増す。

 問1 ア－相同　イ－二価　ウ－乗換え　エ－連鎖
　　　問2 ①，②　　**問3** 64通り（2^6通り）

進化のしくみ①（変異・自然選択・適応）

生物

　生物は，同種であっても形質の一部は異なる。同種の個体間でみられる形質の違いのうち，遺伝するものを ア という。 ア は，主に イ の塩基配列の変化である(a)突然変異によって生じる。 ア をもつ同種個体間で，繁殖や生存に有利な形質をもつ個体がより多くの子孫を残す。このように個体間の変異に応じて自然界で起こる選択を ウ と呼ぶ。さまざまな環境に生息している生物を観察すると，それぞれの生息環境のもとで有利な形質を備えているようにみえる。これは，(b)生物の進化の過程で ウ によって，環境に エ したものの子孫が生存し続けた結果であると考えられる。

問 1　文中の空欄に適する語句を，次からそれぞれ 1 つずつ選べ。

① 適応　　　　② 擬態　　　　③ 共進化　　　　④ DNA

⑤ 相同器官　　⑥ 遺伝的変異　⑦ 自然選択　　　⑧ ATP

問 2　下線部(a)に関する記述のうち，正しいものを次から 2 つ選べ。

① 突然変異は体細胞および生殖細胞で起こるが，いずれの場合にも次の世代に変異が伝えられる。

② 太陽光に含まれる紫外線などによっても突然変異が生じる。

③ 突然変異の結果，特定のポリペプチド鎖の長さが短くなることも，長くなることもある。

④ 突然変異の結果，特定のタンパク質のアミノ酸配列に変化が生じることがあるが，そのタンパク質の機能が影響を受けることはない。

問 3　下線部(b)に関して，次の問いに答えよ。

（1）　その種の集団がもつ遺伝子の集合全体を何というか。

（2）　（1）における対立遺伝子の割合を何というか。

（星薬科大）

解説　**問 1**　同種の個体間にみられる形質の違いを変異という。変異は，環境の違いにより生じる環境変異と，遺伝子の違いにより生じる遺伝的変異に分けられる。遺伝的変異は，遺伝物質である DNA の塩基配列の変化である突然変異により生じる。

　個体間に変異がある場合，生息環境において有利な形質をもつ個体の方が生存しやすく，また次世代を多く残しやすい。その結果，自然界において起こる，**有利な遺伝的変異が広まり，不利なものが減少していく**ことを自然選

択という。生物が，**生息する環境において有利な形質をもっていることを適**
応しているという。自然界を見てみると，環境に適応した個体の割合が高い
ことが多い。これは，生物が進化する過程において環境に適応している個体
の子孫が自然選択により広まった結果である。

問2　①　誤り。突然変異は体細胞と生殖細胞のどちらでも起こる。しかし，
卵や精子などの生殖細胞に起こった突然変異は次の世代に伝わるのに対
し，体細胞に起こった突然変異はその個体が死ぬと消滅し，次の世代に伝
わらない。

②　正しい。突然変異は，紫外線や化学物質などによって DNA が損傷を受
けたり，細胞分裂において DNA 複製時にミスが起きて塩基配列が変化し
たりすることなどによって生じる。

③　正しい。アミノ酸が連なったポリペプチド鎖は，遺伝子発現（転写・翻訳）
により DNA の遺伝情報に従って合成される。突然変異により DNA の塩
基配列が変化すると，ポリペプチド鎖を構成するアミノ酸の数や種類が変
化することがある。翻訳の終了は終止コドンと呼ばれる mRNA の3塩基
の並びによって決まるが，突然変異により終止コドンが本来出現する位置
よりも上流に出現すると合成されるポリペプチド鎖は**短くなり**，本来の終
止コドンがなくなり，本来よりも下流に新しい終止コドンが出現すると合
成されるポリペプチド鎖は**長くなる**。

④　誤り。ポリペプチド鎖が特定の立体構造をとることで，機能をもつタン
パク質になる。タンパク質の機能は，そのタンパク質の立体構造により決
まる。そして，タンパク質の立体構造はそのタンパク質のアミノ酸配列に
よって決まる。よって，突然変異の結果，タンパク質のアミノ酸配列が変
化すると，その**タンパク質の機能が変化する**ことが多い。

問3　ある特定の種の生物集団がもつ遺伝子の集合全体を遺伝子プールとい
う。**遺伝子プールにおける各対立遺伝子の割合**は，遺伝子頻度と呼ばれ，一
般に総和が1になるような値で表す。例えば対立遺伝子 A と a が
$A:a=1:1$ である場合，遺伝子頻度は $(A, a) = (1/2, 1/2)$ もしくは (A, a)
$= (0.5, 0.5)$，対立遺伝子 B と b が $B:b=3:1$ である場合，遺伝子頻度は
$(B, b) = (3/4, 1/4)$ もしくは $(B, b) = (0.75, 0.25)$ と表す。

　問1　アー⑥　イー④　ウー⑦　エー①
　問2　②，③
　問3　(1)　遺伝子プール　　(2)　遺伝子頻度

進化のしくみ②（ハーディ・ワインベルグの法則）　<small>生物</small>

遺伝子頻度とは，集団内における対立遺伝子の占める割合をいう。ハーディ・ワインベルグの法則によれば，ある集団の対立遺伝子 A, a の遺伝子頻度は代を重ねても変化しない。ただし，これには(a)一定の条件が必要である。

問1 下線部(a)の条件について，誤っているものを次からすべて選べ。
① 十分に大きな集団である。
② 突然変異がある一定の割合で生じる。
③ 自然選択がはたらかない。
④ 集団への移入や集団からの移出がない。
⑤ 個体間の繁殖力に差がない。

問2 ある植物の種子を丸形にする顕性遺伝子を R，しわ形にする潜性遺伝子を r とする。ハーディ・ワインベルグの法則が成立しているこの植物集団内で，自由に交配が行われたときの $RR : Rr : rr$ の比率として正しいものを次から1つ選べ。ただし，R, r の遺伝子頻度をそれぞれ p, q とする（$p + q = 1$）。
① $p : pq : q$ 　　② $p^2 : p^2q^2 : q^2$ 　　③ $p^2 : pq : q^2$
④ $p^2 : 2pq : q^2$ 　　⑤ $p^2 : 4pq : q^2$ 　　⑥ $p : 2pq : q$

問3 ハーディ・ワインベルグの法則が成立している問2の植物の集団において，丸形としわ形の種子の出現比が丸形：しわ形＝84：16であった。この集団における R, r の遺伝子頻度を正しく示しているものを次から1つ選べ。ただし，R, r の遺伝子頻度をそれぞれ p, q とする。
① $p = 0.84$, $q = 0.16$ 　　② $p = 0.16$, $q = 0.84$
③ $p = 0.6$, $q = 0.4$ 　　④ $p = 0.4$, $q = 0.6$
⑤ $p = 0.25$, $q = 0.75$ 　　⑥ $p = 0.75$, $q = 0.25$

問4 問2，3の集団からすべてのしわ型個体を取り除いた後に，自由に交配が起きたとき，生じる次世代における種子の出現比（丸型：しわ型）として最も適切なものを次から1つ選べ。
① 3：4 　　② 5：2 　　③ 33：16 　　④ 25：4 　　⑤ 45：4

（金沢医大）

 問1 次の5つの条件が成立している集団（メンデル集団）では，世代を重ねても遺伝子頻度は変化しない。これをハーディ・ワインベルグの法則という。

① 集団が十分に大きい（遺伝的浮動の影響を無視できる）。

② 突然変異が起きない。　　③ 任意交配が行われる。

④ 個体の移出入がない。　　⑤ 自然選択が起きない。

　遺伝的浮動とは**偶然による遺伝子頻度の変化**で，**小集団ほどこの影響を受けやすい**（びん首効果）。

問2　遺伝子頻度は，その集団から生じる配偶子の遺伝子型頻度に等しい。遺伝子頻度が$(R, r) = (p, q)$（ただし$p+q=1$）のある集団が存在するとき，生じる配偶子も（遺伝子型Rの配偶子，遺伝子型rの配偶子）$=(p, q)$なので，自由交配で生じる集団の遺伝子型とその頻度は，

$$(R+r) \times (R+r) = (R+r)^2 = (p, q)^2$$
$$(RR, Rr, rr) = (p^2, 2pq, q^2)$$

> ## Po*int　遺伝子頻度と遺伝子型頻度
>
> 　遺伝子頻度が$(A, a) = (p, q)$（ただし$p+q=1$）のメンデル集団における遺伝子型頻度は，$(AA, Aa, aa) = (p^2, 2pq, q^2)$となる。

問3　遺伝子型RRとRrの表現型は丸型，遺伝子型rrの表現型はしわ型，メンデル集団なので，遺伝子型とその頻度は$(RR, Rr, rr) = (p^2, 2pq, q^2)$となる。よって，表現型とその頻度は，

$$(丸型, しわ型) = (RR + Rr, rr)$$
$$(0.84, 0.16) = (p^2 + 2pq, q^2)$$

となり，$q^2 = 0.16$より$q = 0.4$。また$p+q=1$より，$p = 1-0.4 = 0.6$。

問4　問3の集団の遺伝子型頻度は，$(RR, Rr, rr) = (0.6^2, 2 \times 0.6 \times 0.4, 0.4^2)$ $= (0.36, 0.48, 0.16)$。しわ型個体（rr）を取り除くと，残る個体は$RR : Rr$ $= 0.36 : 0.48 = 3 : 4$。よって，この集団から得られる配偶子は，

① 1個体から得られる配偶子数は等しい。

② 親世代は$RR : Rr = 3 : 4$なので，RRの配偶子：Rrの配偶子 $=3 : 4$となる。

となるので，自由交配が起きると右表より，
遺伝子型は，$RR : Rr : rr = 25 : 20 : 4$
表現型は，丸形：しわ形$= 45 : 4$

	$5R$	$2r$
$5R$	$25RR$	$10Rr$
$2r$	$10Rr$	$4rr$

 問I　②　　　**問2**　④　　　**問3**　③　　　**問4**　⑤

第2章　生物の進化と系統

進化のしくみ③（種分化・新しい種が生じるしくみ）　　生物

　生物の分類の基本となる単位は種である。種とは，形態的・生理的特徴が共通する個体の集まりであるが，そのあり方は生物によりさまざまで，画一的な定義は難しい。種の基準として数多くの考え方があるが，自然下で交配し，その子孫も代々生殖能力を維持できるかを基準とする(a)生物学的種の概念を用いる場合が多い。(b)共通の祖先をもつ生物群が，さまざまな環境に適応した形態や機能をもつようになり，多くの種に分かれる現象を　ア　という。　ア　が生じるしくみの１つとして，以下のような例が知られている。大陸に大きな個体群があり，そこから小さな島に少数の個体が移住したとする。両者の間で遺伝的な交流が行われなくなると，集団の遺伝子プールが分断される。このような現象を　イ　という。島の環境は大陸と異なるため，自然選択によって特定の変異遺伝子が集団内に広まる。こうして，島の集団独自の遺伝的な変化が蓄積していく。長期間が経過して，大陸と島の２集団が再び出会っても，形態や生理，行動などが異なり交配できなくなる，または交配しても繁殖力のある子孫が得られなくなる。このような状態を　ウ　といい，両者は別種になったと判断される。

問１　下線部(a)に関して，イノシシとブタが交配すると，イノブタが生まれる。通常，イノブタの外見はイノシシと似ている。イノブタは繁殖力が高く，子世代や孫世代が増えていく。イノシシ，ブタ，イノブタの生物学的種に関する記述として最も適切なものはどれか。次から１つ選べ。

①　イノシシ，ブタ，イノブタはみな同種である。

②　イノシシとブタは同種だが，イノブタは別種である。

③　イノシシとイノブタは同種だが，ブタは別種である。

④　ブタとイノブタは同種だが，イノシシは別種である。

⑤　イノシシ，ブタ，イノブタはみな別種である。

問２　文中の空欄に適する語句を，次からそれぞれ１つずつ選べ。

①　収束進化　　　②　生殖的隔離　　　③　種分化　　　④　分子進化

⑤　遺伝的浮動　　⑥　地理的隔離　　　⑦　遺伝子重複

問３　下線部(b)に関して，種内の遺伝子頻度が変化したり，それに伴って種内の形質などがわずかに変化したりする，種の形成には至らないような進化を何というか。

（文教大）

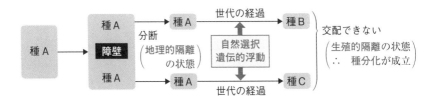

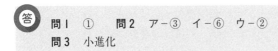

解説

問1 生物学的種の概念を基準に考える。この概念では「自然下で交配し，その子孫も代々生殖能力を維持できる」ものを同種としている。ブタとイノシシは交配が可能で（自然下で交配する），生まれたイノブタは繁殖し子世代や孫世代を増やしていく（子孫も代々生殖能力を維持できる）ことから，イノシシ，ブタ，イノブタはみな同種であるといえる。

問2 同種の生物集団の中で，<u>生殖に関わる突然変異が生じて集団内に広がる</u>と，**突然変異をもつ個体ともたない個体の間で交配ができなくなったり，生殖能力をもつ子を残せなくなったり**することがある。この状態を<u>生殖的隔離</u>という。つまり，生殖的隔離が起きた新しい集団は，元の集団とは異なる種である。このように，**新しい種が生じること**を種分化という。

　同種の生物集団が，山や川，海などの障壁に遮られることで複数の小集団へと物理的に分断され，交流ができなくなる現象を地理的隔離という。地理的隔離が起きた状態で分断された2つの集団に，それぞれ突然変異・自然選択が起こると，2つの集団は各環境に適応した異なる集団へ変化する。長い年月の後に2つの集団が再び出会っても，生殖的隔離が起こっていることが多く，種分化が成立する。このような，**地理的隔離がきっかけとなって起こる種分化**を異所的種分化という。それに対し，**地理的隔離がなくても生殖的隔離が生じて起こる種分化**を同所的種分化という。同所的種分化は，突然変異によって生殖行動や生殖時期に変化が生じ，同じ場所で生活していても交配が起こらない（遺伝子の交流が起こらない）状態が続き，長い年月の間にそれぞれの遺伝子プールに蓄積した突然変異により生殖的隔離が生じることによって起こる。

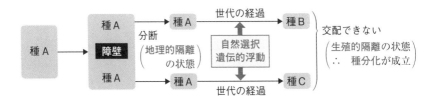

問3 種分化が生じるほどではない，集団内の遺伝子頻度の変化や形質の変化を小進化という。それに対し，種分化が生じたり，卵生から胎生へ変化したりするような，新しい種が形成されるレベル以上の進化を大進化という。

答
問1 ①　　**問2** ア－③　イ－⑥　ウ－②
問3 小進化

問題 19 分子時計

生物

異なる生物種間の系統関係や共通の祖先から分かれた年代は，相同なタンパク質のアミノ酸配列や遺伝子の塩基配列を比較し，その置換速度が一定であると仮定し推定できる。また，その結果をもとに類縁関係を表した図を系統樹という。右表は４種類の生物種についてある相同なタンパク質を比較したもので，表中の数値はアミノ酸が異なっている場所の数を表している。

	生物種X	生物種Y	生物種Z
生物種Y	16		
生物種Z	71	69	
生物種W	29	25	67

右図は，表の値を用いて作成した系統樹である。ア〜エには生物種X〜Wのいずれかが，（ⅰ）〜（ⅲ）にはアミノ酸置換数が入る。

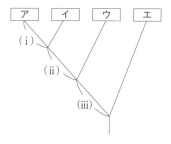

問１ 図中のウとエに入る生物種として最も適当なものは，X〜Wのどれか。それぞれ１つずつ選べ。

問２ 図中の（ⅱ）に入るアミノ酸置換数として最も適当な数値を答えよ。

(獨協医大)

解説 DNAやタンパク質などの分子に生じる変化を分子進化といい，この変化の速度を分子時計という。この速度は，共通の分子であれば生物種によらず一定なので，分子間の相同性が高いほど，共通祖先からの分岐は近年であるといえる。分子進化に基づいて生物間の類縁関係を推定して作られた系統樹が，分子系統樹である。

問１ 表は，２種間でのアミノ酸配列の違いの数なので，この値が小さいほど共通祖先から分岐してからの経過時間は短く，値が大きいほど分岐してからの経過時間は長いといえる。

Point 分子時計の考え方

塩基配列やアミノ酸配列の違いが，

少ないほど ──→ 共通祖先から分岐してからの経過時間は短い。

多いほど ──→ 共通祖先から分岐してからの経過時間は長い。

よって，値が最も小さいXとYが，分岐が最も近年であるアとイのいずれかである。また，他の種との値が最も大きいZが，分岐が最も古いエである。よってアとイはXもしくはY，エ－Zが決定し，連動してウ－Wとなる。

問2 2種間の「違い」の数と，2種各々に生じた「変異」の数をしっかり区別しよう。相同なタンパク質の場合，その置換速度は種にかかわらず一定と考えることができる。つまり，共通祖先から分岐後に，各々に生じた変異の数は等しい。

A種　変異　　変異　変異

A種　●--▲--★--△--▽　←違い
　　　1　2　3　4　5　6

B種　△--　--■--●--

B種　　変異　　　変異　変異

A種・B種間の「違い」が**6カ所**

Ⅱ

↑
2種各々の変異数の合計

A種・B種各々に生じた「変異」は**3カ所ずつ**

X・Y間では「違い」が16カ所なので，共通祖先より分岐してから両者各々に生じた「変異」は，

$$16 \div 2 = 8 \text{カ所}$$

ずつで，これが（ⅰ）となる。

WとX＆Y間の「違い」の平均は，

$$(29 + 25) \div 2 = 27 \text{カ所}$$

なので，分岐後に，両者各々に生じた「変異」は，

$$27 \div 2 = 13.5 \text{カ所}$$

ずつ。

ZとX＆Y＆W間の「違い」の平均は，

$$(71 + 69 + 67) \div 3 = 69 \text{カ所}$$

なので，分岐後に，両者各々に生じた「変異」は，

$$69 \div 2 = 34.5 \text{カ所}$$

ずつ。

よって，（ⅲ）＝ 34.5 － 13.5 ＝ 21，（ⅱ）＝ 13.5 － 8 ＝ 5.5。

（系統樹：X　Y　W　Z，8，13.5，34.5，（ⅱ），（ⅲ））

Point　アミノ酸置換数の考え方

① 2種間の「違い」の数は，2種各々に生じた「変異」の合計である。

② 複数種間の「違い」が一致しない場合は，「違いの平均値」をとる。

　問1 ウ－W　エ－Z　**問2** 5.5

5. 生物の系統と分類

生物の分類

▸生物

　古代ギリシャの時代から，生物は動物と植物に大別されていた。18世紀，生物をその共通性をもとにしてまとめるにあたり，属名と　ア　の2つを並べて種名を表す　イ　法が　ウ　により考え出された。その後，生物は長い間に多様な生物へと進化してきたと考えられるようになり，ヘッケルは進化の過程で派生した生物の類縁関係を，その時間的な順番に従って枝分かれした，　エ　という図によって表した。近年，細胞レベルや分子レベルでの研究が進み，単純にみえる原核生物の中にも極めて大きな多様性があることがわかってきた。メタン生成菌の研究をしていたアメリカのウーズは，リボソームに含まれる（　a　）の（　b　）を解析し，新しい分類体系である，生物を3つのドメインに分ける3ドメイン説を提唱した。3つのドメインのうち，1つはヒトが所属する　オ　ドメインである。残るもののうち　オ　に近いものは　カ　ドメインと呼ばれ，他方の大腸菌や乳酸菌を含む分類群は　キ　ドメインと呼ばれている。

問1　文中の　ア　～　キ　に適切な用語を入れよ。

問2　文中の空欄（　a　）と（　b　）に入る適切な語句を，次からそれぞれ1つずつ選べ。
① DNA　　　② RNA　　　③ 分子式
④ 立体構造　⑤ 塩基配列

問3　文中の下線部に関して，ヒトの分類学的位置は，階層の上位から順に，　オ　ドメイン・動物（　①　）・脊索動物（　②　）・哺乳（　③　）・霊長（　④　）・ヒト（　⑤　）・ヒト属・ヒト，という種の位置づけになる。①〜⑤に入る適切な階層を答えよ。

問4　次の①〜⑤のうちから，　カ　ドメインに属する生物をすべて選べ。
① コレラ菌　　　② 高度好塩菌　　　③ キイロタマホコリカビ
④ メタン生成菌　⑤ 緑色硫黄細菌

（岩手大・東京工芸大）

問1〜3　生物の分類階級は，大きいまとまりから順にドメイン-界-門-綱-目-科-属-種。生物の正式名称である学名は，リンネが考案した二名法（**ラテン語**で，属を表す属名と種を表す種小名〈種名ではないことに注意！〉の2つを並べる）で表記される。リンネは生物を動物界と植物界に分ける二界説を唱え，それをもとに分類体系をつくりあげた。

ヘッケルは進化の過程で単細胞生物から多細胞生物が生じたと考え，単細胞生物を原生生物界（プロチスタ界）として独立させ，三界説を提唱した。

ホイッタカーは，生物を原核生物界（モネラ界）・原生生物界・植物界・動物界・菌界に分ける五界説を提唱した。その後，五界説はマーグリスらによってさらに改変された。五界説では，原核生物は単一の界にまとめられ，また原生生物界は多様な系統を含んでいる。これらの点などから五界説は生物の系統関係を正確に表現したものとはいえない。

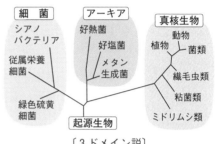

〔五界説〕

近年では分子の違い（核酸の塩基配列やタンパク質のアミノ酸配列の違い）を比較して，より信頼性の高い分子系統樹が得られるようになった。**ウーズ**は，リボソーム RNA（**rRNA**）**の塩基配列解析**をもとに，**生物を3つのグループに分ける3ドメイン説**を提唱した。この考えでは，原核生物を**細菌**（**バクテリア**）とアーキア（**古細菌**）の2つに分けて，生物を細菌・アーキア・真核生物の3つのグループに分ける。なお，いろいろな解析から，**アーキアは細菌よりも真核生物に近縁である**ことがわかっている。

〔3ドメイン説〕

問4 アーキアは，メタン生成菌，高度好塩菌，好熱好酸菌などが代表的。①，⑤は細菌（バクテリア）ドメインの生物。③は真核生物ドメインの原生生物（細胞性粘菌）。

答

問1 ア－種小名 イ－二名 ウ－リンネ エ－系統樹 オ－真核生物
カ－アーキア（古細菌） キ－細菌（バクテリア）

問2 a－② b－⑤

問3 ① 界 ② 門 ③ 綱 ④ 目 ⑤ 科

問4 ②，④

動物の系統樹は，従来，形態や発生に基づいて考えられてきたが，最近ではrRNAの塩基配列の解析結果から明らかになった類縁関係を取り入れた系統樹が作成されている。その解析によって得られた動物の系統樹を下に示す。

海綿動物は動物の祖先に近いものだと考えられている。カイメンは，体壁に存在するえり細胞を用いて水中の浮遊有機物を濾しとって食べる。このえり細胞は，原生生物の（　イ　）によく似ており，海綿動物は（　イ　）から進化したと考えられている。また，三胚葉動物には旧口動物と新口動物の系統がある。さらに，旧口動物は（　ロ　）動物と（　ハ　）動物とに大きく分けられる。一方，新口動物のうち，からだの支持器官としてはたらく（　ニ　）を獲得したものには原索動物と（　ホ　）動物がある。

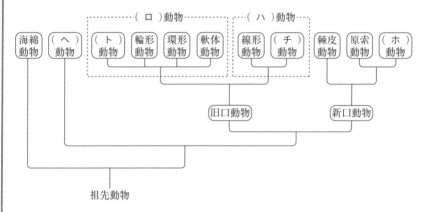

問1　文中および図中の（　イ　）～（　チ　）に適当な語句を入れよ。

問2　下線部の旧口動物と新口動物の胚発生における違いを40字程度で説明せよ。

問3　次の(1)～(5)の分類群に含まれる動物を下の①～⑩から2つずつ選べ。

(1)　軟体動物　　(2)　（　ト　）動物　　(3)　環形動物

(4)　線形動物　　(5)　（　チ　）動物

①　プラナリア　　②　サザエ　　③　カニ　　④　センチュウ

⑤　サナダムシ　　⑥　カブトムシ　　⑦　ミミズ　　⑧　イカ

⑨　カイチュウ　　⑩　ヒル

（工学院大）

問1, 2 他の生物やその生産物を食べ，従属栄養生活を行う多細胞生物を動物として分類する。**動物は，原生動物のえり鞭毛虫類に最も近縁**であると推定されている。下に進化の過程を反映した分子系統樹を示す。

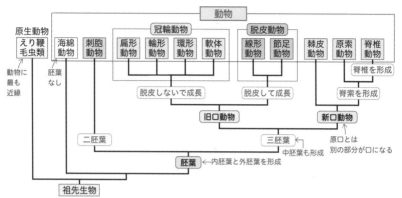

外胚葉，内胚葉，中胚葉の三胚葉をもつ動物は，発生の過程で胚の一部の細胞が胚の内部に陥入する現象が起こり，この陥入口を原口という。三胚葉動物は，**原口が成体の口になる**旧口動物と，**原口が成体の肛門になる**新口動物とに分けられる。旧口動物のうち，線形動物と節足動物は脱皮して成長し，まとめて脱皮動物と呼ぶ。扁形動物・輪形動物・環形動物・軟体動物は脱皮しないで成長し，まとめて冠輪動物と呼ぶ。一方，新口動物のうち，原索動物と脊椎動物は一生のうちの一時期にからだを支持する脊索をもち，まとめて脊索動物と呼ぶ。

問3 各動物の特徴には以下のような点がある。

(1) **軟体動物**：体節がなく，外とう膜をもつ。

(2) **扁形動物**：肛門がなく，呼吸系や循環器系もない。

(3) **環形動物**：多数の体節からなる細長いからだをもつ。

(4) **線形動物**：からだは細長く小形で，左右対称であり，体節はない。

(5) **節足動物**：クチクラからなる外骨格をもつ。複数の体節をもつ。

答

　問1 イーえり鞭毛虫類　ロー冠輪　ハー脱皮　ニー脊索　ホー脊椎　ヘー刺胞　トー扁形　チー節足

　問2 旧口動物は原口が成体の口になるのに対し，新口動物は原口が成体の肛門になる。(37字)

　問3 (1) ②，⑧　(2) ①，⑤　(3) ⑦，⑩　(4) ④，⑨

　　(5) ③，⑥

問題 22　植物の分類

　　　　　　　　　　　　　　　　　　　　　　　　生物

　植物とは，光合成を行い，主に陸上で生活する多細胞生物のことである。植物はクロロフィル a，b をもつことから ［　ア　］ から進化したと考えられており，維管束の有無などの特徴からコケ植物，シダ植物，裸子植物，被子植物に分類される。

問1　文中の空欄 ［　ア　］ に入る最も適当な語句を次から1つ選べ。

① 褐藻類　　② 紅藻類　　③ ケイ藻類
④ 光合成細菌
⑤ シャジクモ類
⑥ シアノバクテリア

問2　右図は植物の系統を表している。図中の空欄 ［　イ　］〜［　エ　］ に入る特徴の組合せとして最も適当なものを次から1つ選べ。

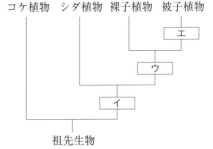

	イ	ウ	エ
①	維管束をもつ	子房を形成する	種子を形成する
②	維管束をもつ	種子を形成する	子房を形成する
③	種子を形成する	維管束をもつ	子房を形成する
④	種子を形成する	子房を形成する	維管束をもつ
⑤	胞子を形成する	維管束をもつ	種子を形成する
⑥	胞子を形成する	種子を形成する	維管束をもつ

（京都橘大）

　問1　陸上で生活し，光合成を行う多細胞生物は植物としてまとめられる。植物の祖先といえる藻類にはケイ藻類，褐藻類，紅藻類，緑藻類，シャジクモ類などが含まれるが，DNA の塩基配列データなどから，**陸上植物はシャジクモ類や接合藻類に近い種から進化した**と考えられている。

Point 藻類と陸上植物の特徴

分類群	クロロフィル	細胞分裂時の細胞板形成	生物例
紅藻類	クロロフィルa	なし	アサクサノリ，テングサ
褐藻類	クロロフィルaとc	なし	コンブ，ワカメ
緑藻類	クロロフィルaとb	なし	アオサ，アオノリ
シャジクモ類	クロロフィルaとb	あり	シャジクモ
陸上植物	クロロフィルaとb	あり	ゼニゴケ，ワラビ，サクラ

問2 植物のうち，**維管束をもたないもの**をコケ植物という。維管束をもつ植物はまとめて維管束植物と呼ばれる。維管束植物のうち，花を咲かせない，すなわち**種子をつくらない**植物をシダ植物，花を咲かせて種子をつくる植物を種子植物という。種子は胚珠が発達したもので，**胚珠を包む子房を形成する**種子植物を被子植物，**子房を形成しない**種子植物を裸子植物という。

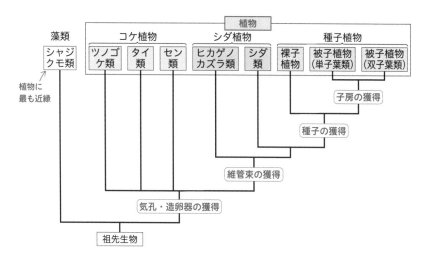

<答> 問1 ⑤ 問2 ②

哺乳類のうち, サルのなかまである(a)の祖先は, 白亜紀の終わりに出現した原始(b)であり, 現在のツパイという小動物に似ていたと考えられている。その後, (a)の進化の過程で人類が現れた。現生人類であるヒトには, 樹上生活に適応して発達した(a)と共通の特徴がある。例えば, 物をつかめる ア という形質や, イ の視野が広く, 物体との距離を視覚的に捉えることができる形質が備わっている。

ヒトと(c)であるゴリラの形態を比較すると, ヒトの方が ウ が大きい。また, ヒトでは大後頭孔(頭骨から脊髄がでる穴)が エ に開口しており, 骨盤の形が オ という特徴がある。これらはヒトのみが カ 歩行を行うために獲得した特徴であると考えられる。

問1 文中の(a)〜(c)に入る適当な語句を, 次から1つずつ選べ。

① 猿人　　　② 食虫類　　　③ 霊長類　　　④ 類人猿

問2 文中の ア 〜 オ に入る適当な語句を, それぞれの選択肢から1つずつ選べ。

ア :① かぎ爪　　② 拇指対向性

イ :① 片眼視　　② 両眼視

ウ :① 犬歯　　② 頭がい容積

エ :① 真下　　② 斜め

オ :① 縦長　　② 横広

問3 文中の カ に入る最も適当な語句を答えよ。

問1 サルのなかまである霊長類は, 中生代の終わりに出現した原始食虫類から, 新生代に出現した。その後, 直立二足歩行を行うサルであるヒトが出現した。

霊長類：サルのなかま。

類人猿：霊長類のうちのチンパンジー, ボノボ, ゴリラ, オランウータン, テナガザルのなかま。比較的脳容量が大きく, 高度な知能をもつ。

人　類：直立二足歩行を行う霊長類。現生人類(ホモ・サピエンス, 新人)のほか, すでに絶滅した化石人類(アウストラロピテクス類などの猿人, ホモ・エレクトスなどの原人, ホモ・ネアンデルターレンシスなどの旧人)が含まれる。

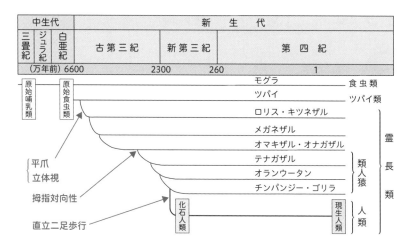

問２. ３　霊長類は,

①　**両眼が顔の前面**にあり, 立体視ができる範囲が広い。

②　かぎ爪でなく**扁平な平爪**をもち, 物をつかみやすい。

③　多くの種では**親指が他の指と向かい合い**(拇指対向性), 物をつかむ能力がさらに増している。

という特徴をもつ。霊長類の身体的特徴は, **樹上生活への適応**と考えると理解しやすい。

　ヒトの身体的特徴は, **直立二足歩行への適応**と考えると理解しやすい。大後頭孔は他の霊長類より**前方にあり**, **真下に開口**していて頭部をまっすぐ支えられるので, 脳容積が大きく重い頭蓋を支えることが可能になった。また, 直立姿勢で内臓を支えるために, **骨盤は幅広く大きい**。

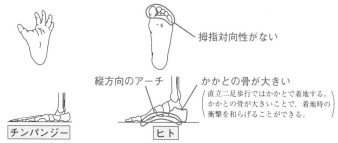

縦方向のアーチ

拇指対向性がない

かかとの骨が大きい
（直立二足歩行ではかかとで着地する。かかとの骨が大きいことで, 着地時の衝撃を和らげることができる。）

チンパンジー　　ヒト

〔チンパンジーの足と, 直立二足歩行に適応したヒトの足の比較(左足)〕

答
問１　a－③　b－②　c－④
問２　ア－②　イ－②　ウ－②　エ－①　オ－②
問３　直立二足

第3章 代 謝

問題 24

6. 酵 素

酵 素　生物基礎 < 生物

　酵素が触媒として化学反応を促進するときには，まず酵素の　ア　に基質が結合し，　イ　を形成する。次に，　ア　に結合していた基質が生成物に変化して酵素から離れる。酵素反応が起こるときには鍵と鍵穴のように酵素と基質の組合せが決まっており，これを酵素の　ウ　という。一般的な無機触媒では温度の上昇とともに反応速度も増加していくが，酵素反応では，多くの場合，35～40℃程度で速度が最大となる。この温度を　エ　という。温度をさらに上昇させると反応速度は次第に減少し，ついには触媒としてはたらかなくなる。この状態を酵素の　オ　といい，これは酵素タンパク質の立体構造が崩れ，　カ　したことによる。

　酵素の中には，その活性をもつために，本体のタンパク質部分以外に(a)酵素本体と容易に着脱する比較的小さな有機化合物を必要とするものがある。また，酵素反応によっては，(b)一連の酵素反応によって生成された生成物が初期段階の酵素の活性を抑制する場合がある。

問1　文中の空欄にあてはまる最も適切な語句を記せ。

問2　　カ　を引き起こす，温度以外の原因を1つ記せ。

問3　下線部(a)について，このような化合物を何と呼ぶか，記せ。

問4　下線部(b)について，このような調節機構の名称を記せ。また，この調節機構の意義を2つ，それぞれ20字以内で記せ。

（九州工大）

問1, 2　**酵素はタンパク質を主成分とする触媒**で，生体触媒とも呼ばれる。酵素は活性部位で基質と結合し，基質を生成物へと変える。活性部位にぴったり合う基質だけに作用するこの性質を，基質特異性という。タンパク質は高温や極端な酸・アルカリで立体構造が変化（変性）する。そのため，酵素は立体構造が変化しない範囲内の温度・pHでしかはたらかず，活性が最も高くなる条件をそれぞれ最適温度，最適pHという。

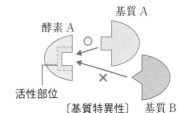

〔基質特異性〕

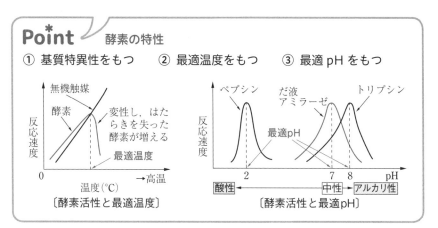

Po*int　酵素の特性

① 基質特異性をもつ　② 最適温度をもつ　③ 最適 pH をもつ

〔酵素活性と最適温度〕　　〔酵素活性と最適pH〕

問3　酵素の中には，はたらくためにタンパク質以外の成分である補酵素を必要とするものがある。補酵素には，呼吸の過程ではたらく NAD^+ や FAD，光合成の過程ではたらく $NADP^+$ などがある。

※ NAD^+，FAD，$NADP^+$ はすべて脱水素酵素の補酵素。

Po*int　補酵素とは

① 酵素に結合し，その活性を助ける低分子有機物。
② 酵素本体と容易に着脱する（透析により酵素と分離できる）。
③ ビタミン B など，熱に強い物質からなる（酵素と異なり熱変性しない）。

問4　反応系により生じた物質（結果）が，反応系の上流（原因）に影響を与えることをフィードバック調節という。特に，上流を阻害するようなものは負のフィードバック調節という。

　生成物が蓄積したときには上流の反応が抑制を受け，生成物量が少ないときには反応が進行することにより，**生成物量を一定に保ち，基質やエネルギーの無駄な消費を回避する**ことができる。

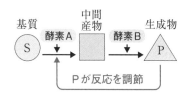

答
　問1　ア－活性部位　イ－酵素－基質複合体　ウ－基質特異性
　　　　エ－最適温度　オ－失活　カ－変性
　問2　pH（水素イオン濃度）　　**問3**　補酵素
　問4　名称：フィードバック調節　　意義：基質やエネルギーの無駄な消費を防ぐ。（18字）　生成物の量を一定に保つ。（12字）

問題 25 酵素と無機触媒

酵素反応について以下の実験を行った。

手順1：A，B，C，D，E，F，G，H，Iの9本の試験管を用意して，試験管A〜E，G〜Iには3％の過酸化水素水5mL，試験管Fには3％食塩水5mLを入れた。

手順2：試験管AとGには酸化マンガン(Ⅳ) 1.0g，試験管B，F，Hにはブタの肝臓片1.0g，試験管Cには石英砂1.0g，試験管Dには煮沸した酸化マンガン(Ⅳ) 1.0g，試験管Eには煮沸したブタの肝臓片1.0gをそれぞれ加えた。試験管Iには何も加えなかった。

手順3：試験管A〜Fは25℃，試験管G〜Iは4℃に保ち，それぞれの温度条件下で各試験管内の気泡の発生を観察した。

問1　試験管AとBではほぼ同量の気泡の発生が見られた。試験管内で起こっている反応を化学反応式で示せ。

問2　試験管A・Bと比べて，気泡の発生が少ない，または，気泡の発生が見られない試験管をすべて答えよ。

問3　温度が酵素のはたらきに影響することを調べるためには，どの試験管を比べたらよいか。次から1つ選べ。

①　AとG　　②　AとH　　③　BとE　　④　BとG　　⑤　BとH

問4　酵素の基質特異性を調べるためには，どの試験管を比べたらよいか。次から1つ選べ。

①　BとF　　②　BとI　　③　CとG　　④　DとH　　⑤　EとH

　各試験管に施した処理をまとめると，右表のようになる。

問1　過酸化水素(H_2O_2)は生体内で代謝に伴って発生し，DNAを損傷したり代謝を乱したりする生体にとって有害な物質である。動物や植物など，呼吸を行う生物の細胞内には過酸化水素を分解する酵素としてカ

	手順1	手順2	手順3
A	過酸化水素	酸化マンガン(Ⅳ)	25℃
B	過酸化水素	肝臓片	25℃
C	過酸化水素	石英砂	25℃
D	過酸化水素	煮沸酸化マンガン(Ⅳ)	25℃
E	過酸化水素	煮沸肝臓片	25℃
F	食塩水	肝臓片	25℃
G	過酸化水素	酸化マンガン(Ⅳ)	4℃
H	過酸化水素	肝臓片	4℃
I	過酸化水素	なし	4℃

タラーゼが存在する。過酸化水素は，無機触媒である酸化マンガン（Ⅳ）や肝臓片などに含まれるカタラーゼが触媒としてはたらくと分解反応が進み，水（H_2O）と酸素（O_2）とを生じる。発生した気泡は**酸素**である。

問2　「過酸化水素＋酸化マンガン（Ⅳ）」，「過酸化水素＋生の肝臓片（適温）」の条件の試験管で反応が起こり，酸素が発生する。

　　試験管C：酸化マンガンやカタラーゼは過酸化水素の分解を触媒するが，石英砂にはその作用はない。つまり，**触媒がないため**，酸素は発生しない。

　　試験管E：酵素は無機触媒と異なり，煮沸すると失活する。**酵素が失活している**ため，酸素は発生しない。

　　試験管F：食塩水（NaCl水溶液）は肝臓片に含まれる酵素による気泡発生反応の**基質にはならない**ので，気泡は発生しない。

　　試験管G・H：触媒による反応促進効果は温度の影響を受け，4℃程度の**低温では触媒作用が低下する**。そのため，25℃条件のAやBに比べて気泡の発生量は少ない。しかし，これらの試験管に含まれる酵素は変性していないので，適温条件に置けば，酸素が発生することに注意しよう。

　　試験管I：**触媒が入っていない**ので，酸素は発生しない。

問3　温度が25℃と4℃で異なる以外は，共に同じ条件の（基質となる過酸化水素と，酵素カタラーゼを含む肝臓片が入っている）ものを比較する。つまりBとHを比較すればよい。

　　酵素は4℃程度の低温では活性が低下するので，気泡の発生は25℃条件のBでは見られるが，4℃条件のHでは見られない。

問4　基質である過酸化水素が入っているか，基質とならない食塩水が入っているかという違い以外は共に同じ条件の（酵素カタラーゼを含む肝臓片が入っており，温度は25℃）ものを比較する。つまりBとFと比較すればよい。

（答）　問1　$2H_2O_2 \longrightarrow 2H_2O + O_2$　　問2　C，E，F，G，H，I
　　　問3　⑤　　問4　①

酵素反応の性質を調べるために，デンプン（アミロース）を分解して糖を生じる反応を触媒するアミラーゼを用いて以下の実験を行った。

実験1：多数の試験管を用意し，酵素濃度，基質濃度，および反応液量を一定にして，最適温度で反応を開始させた。反応開始後のいろいろな時間で各試験管の酵素反応を停止させ，各反応時間で生じた生成物の量を測定してグラフにした結果，図1の点線Aで示す曲線が得られた。

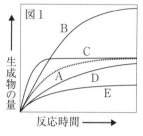
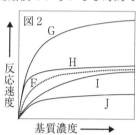

実験2：実験1と同じ酵素濃度，反応液量，および温度の条件下で，基質濃度だけをいろいろ変えて反応させ，反応開始直後の反応速度を測定してグラフにした結果，図2の点線Fで示す曲線が得られた。

問1　実験1において，曲線Aで示されるように，生成物量は時間経過に伴って増加したが，やがてほぼ一定量になった。生成物量がほぼ一定量になる理由を簡潔に述べよ。

問2　実験1において，実験条件の1つを次の(1)，(2)のように変えて反応を行った。それぞれの実験の結果として最も適切な曲線を曲線B～Eから1つずつ選べ。ただし，同じ曲線を選んでもよい。

(1)　基質濃度を2倍にした　　(2)　酵素濃度を2倍にした

問3　実験2において，曲線Fで示されるように，反応速度は基質濃度の増加に伴って上昇したが，基質が高濃度になるとほぼ一定になった。反応速度がほぼ一定になる理由を簡潔に述べよ。

問4　実験2において，実験条件の1つを次の(1)，(2)のように変えて反応を行った。それぞれの実験の結果として最も適切な曲線を曲線G～Jから1つずつ選べ。ただし，同じ曲線を選んでもよい。

(1)　酵素濃度を2倍にした

(2)　基質と立体構造が似る物質を一定量加えた

問5　問4の(2)で，その曲線を選んだ理由を簡潔に述べよ。

（大阪薬大）

問 1 ほとんどの反応では，基質と生成物は可逆的に変化する。平衡状態（基質と生成物の量的関係が安定した状態）に達すると，「**基質が生成物に変化する速度＝生成物が基質に戻る速度**」となり，**基質と生成物の量は一定**になる。なお，アミラーゼやペプシンなどの加水分解酵素では，「基質：生成物＝0：1」，すなわちすべての基質が生成物となった状態が平衡なので，「すべての基質が生成物へと変化したため」を解答としてもよい。

基質　　　　　　　　　　　　生成物
酵素は両方向の反応を触媒する

第3章 代謝

問 2 (1) 基質濃度が2倍になるので，平衡に達した状態の生成物量も2倍になる（最大の生成物量が2倍になる）。

(2) 酵素濃度が2倍になったため，反応速度が大きくなる（グラフの傾きが大きくなる）。ただし，基質濃度は変化していないので，平衡状態には変化がない（最大の生成物量は変わらない）。

問 3 反応速度は，**酵素 - 基質複合体の濃度に比例する**。基質濃度が低いときは複合体を形成していない酵素があるが，基質濃度を大きくするほど複合体を形成する酵素が増えて反応速度が大きくなる。さらに基質濃度が大きくなり，**すべての酵素が常に酵素 - 基質複合体となってはたらくようになると**，**それ以上に酵素 - 基質複合体は増えない**ので，反応速度は最大で一定になる。

問 4，5 (1) 基質濃度が十分に大きいとき，反応速度は酵素 - 基質複合体濃度に比例し，酵素 - 基質複合体濃度は酵素濃度に比例する。よって，酵素濃度を2倍にすると形成される酵素 - 基質複合体の濃度も2倍になるので，反応速度も2倍になる。

(2) 基質と立体構造が似る物質が，酵素の活性部位に可逆的に結合し，競争的阻害を引き起こす阻害剤となる。**阻害剤が結合している間は基質と酵素が結合できないため，酵素反応は阻害される**。ただし，基質が阻害剤よりも十分に多いと，酵素が阻害剤と結合する確率は**無視できる**程度になり，反応速度は阻害剤が存在しない場合と**ほとんど同じ**になる。

 問 1 基質と生成物の量的関係が平衡状態に達したから。
　　別解：すべての基質が生成物へと変化したから。
問 2 (1) B　(2) C
問 3 すべての酵素が常に酵素 - 基質複合体となってはたらいているから。
問 4 (1) G　(2) I
問 5 基質濃度が十分に大きくなると，阻害剤と酵素が結合する確率が低下し，阻害効果は小さくなるから。

7. 異化と同化

代謝と ATP

生物は代謝を行うことによって生命活動を維持している。下図は植物の細胞内で起こる代謝の概略を示す。

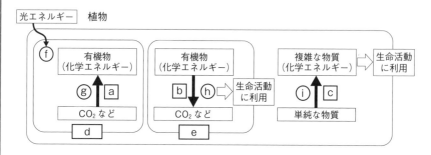

問 1 代謝に含まれる 2 つの過程として，同化および異化がある。図の $\boxed{a}$ ～ $\boxed{c}$ は同化・異化のどちらか，それぞれ答えよ。

問 2 図の d と e は，それぞれ呼吸または光合成が行われる細胞小器官を示す。それぞれの名称を答えよ。

問 3 図の $\boxed{f}$ ～ $\boxed{i}$ には，ATP を介したエネルギーの受け渡しを示す式が入る。最も適当なものを次の①と②から 1 つずつ選べ。

① $\text{ATP} \longrightarrow \text{ADP} + \text{リン酸}$ ② $\text{ADP} + \text{リン酸} \longrightarrow \text{ATP}$

問 4 次の文は ATP について説明したものである。文中の空欄に入る適切な語句を記せ。

　ATP は $\boxed{ア}$ の一種で，$\boxed{イ}$ の一種であるアデニンと $\boxed{ウ}$ の一種である $\boxed{エ}$ からなる $\boxed{オ}$ に，$\boxed{カ}$ 個の $\boxed{キ}$ が結合した化合物である。ATP の $\boxed{キ}$ どうしの結合は $\boxed{ク}$ 結合と呼ばれる。

 問 1 代謝は生体内で起こる物質の合成や分解をさし，エネルギーの変換を伴う。**同化は単純な物質から複雑な物質を合成する反応，異化は複雑な物質を単純な物質へ分解する反応**である。よって，CO_2 などの単純な物質から複雑な有機物を合成する a と，単純な物質から複雑な物質を合成する c は同化，複雑な有機物を CO_2 などの単純な物質へ分解する b は異化である。

問2,3 aは光エネルギーを吸収して葉緑体で行われる光合成という同化である。光合成では，光エネルギーを用いて ADP とリン酸から ATP を合成し（f），合成した ATP を分解する際に生じるエネルギーを用いて CO_2 と H_2O からグルコースなどの有機物を生じる（g）。

　bは有機物を O_2 を用いて CO_2 などへ分解し，生じたエネルギーで ATP を合成する（h）呼吸という異化で，主にミトコンドリアで行われる。細胞は，合成した ATP を分解する際に生じるエネルギーをさまざまな生命活動に利用する。ATP のエネルギーを用いて行われる生命活動の一例が物質合成で，単純な物質を，ATP を分解して生じたエネルギーを用いて複雑な物質へと合成する（i）。

問4 ATP（アデノシン三リン酸）は，リボース（糖）にアデニン（塩基）が結合したアデノシンに，リン酸が3個結合したヌクレオチドの一種である。

　ATP 1分子に2カ所含まれる，リン酸とリン酸の間の結合は高エネルギーリン酸結合と呼ばれる。ATP アーゼ（ATP 分解酵素）が作用すると，ATP の高エネルギーリン酸結合が1つ切れて，ATP は ADP（アデノシン二リン酸）とリン酸とに分かれ，多量のエネルギーが放出される。

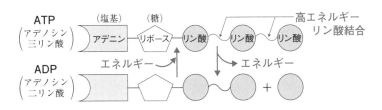

 　問1　a－同化　b－異化　c－同化
　　　問2　d－葉緑体　e－ミトコンドリア
　　　問3　f－②　g－①　h－②　i－①
　　　問4　ア－ヌクレオチド　イ－塩基　ウ－糖　エ－リボース
　　　　　オ－アデノシン　カ－3　キ－リン酸　ク－高エネルギーリン酸

問題 28

呼　吸

　　真核細胞内でグルコースが二酸化炭素と ア に完全に分解されるためには多くの酵素が関与する複数の化学反応を必要とするが，その経路は イ ， ウ および エ の３段階に分けられる。第一段階である イ で，グルコースは分解されて オ を生成する。この反応は細胞内の カ で起こる。 イ で生じた オ は，細胞内小器官の１つである キ に取り込まれ，第二段階として キ の ク にある酵素によって分解される。この一連の酵素反応は基質を再生産しながら循環する反応として継続して進行するようになっている。この ウ では脱水素反応が起こり補酵素が還元される。また，脱炭酸反応によって二酸化炭素を生じる。第三段階は キ の ケ で起こる エ である。 エ では， イ と ウ の脱水素反応で還元された補酵素が還元剤としてはたらき，シトクロムなどの酸化還元反応を経てエネルギーが放出され，最終的に酸素が酸化剤としてはたらき ア を生じる。

問１　文中の空欄にあてはまる適切な語句を入れよ。

問２　(1) イ ， ウ では，基質が酵素反応によって分解されてATP が合成される。このような ATP 合成反応を何というか答えよ。

　　　　(2) エ では基質の酸化を利用し，ADP がリン酸化されて ATP が合成される。このような ATP 合成反応を何というか答えよ。

（金沢大・東海大・岩手大）

問１　酸素を用いてグルコースを分解し，ATP を生じる呼吸は，解糖系・クエン酸回路・電子伝達系の３つの過程からなる。

解糖系：１分子のグルコースは，細胞質基質で２分子のピルビン酸に分解される。ATP は２分子が消費されて４分子が合成されるので，差し引き２分子がつくられる。

クエン酸回路：ピルビン酸はミトコンドリアに入ってアセチル CoA に変わり，オキサロ酢酸と共にクエン酸を生じる。脱炭酸酵素や脱水素酵素の作用を受けながら回路を１周すると，最終的に２分子のピルビン酸当たり６分子の水が消費され，６分子の二酸化炭素と２分子の ATP が生じる。

※解糖系とクエン酸回路では，水素を受け取った還元型補酵素（NADH，$FADH_2$）が生じる。

電子伝達系：ミトコンドリアの内膜で，次の反応が起こる。

① 還元型補酵素に由来する電子(e⁻)が電子伝達系に渡される。

② このe⁻がミトコンドリア内膜に埋め込まれた複数のタンパク質複合体を受け渡されるとエネルギーが生じ，このエネルギーでH⁺が膜間腔側へ能動輸送され，**内膜を介したH⁺の濃度勾配**が生じる。

③ H⁺の濃度勾配エネルギーがATP合成酵素を駆動し，最大で34分子(実際には28分子程度)のATPが合成される。

④ e⁻とH⁺と酸素(O₂)とが結合し，水(H₂O)が生じる。

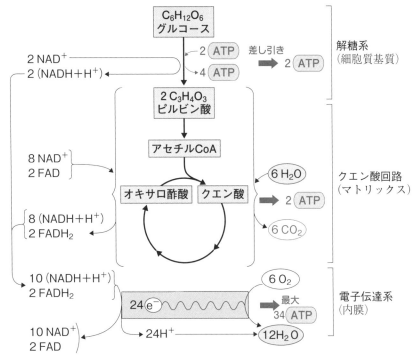

呼吸の反応式：$C_6H_{12}O_6 + 6O_2 + 6H_2O \longrightarrow 6CO_2 + 12H_2O$

問2 解糖系とクエン酸回路では，基質がもつリン酸結合を切ってADPにリン酸を結合させるATP合成が起こる。このようなATP合成を基質レベルのリン酸化という。電子伝達系では，還元型補酵素の酸化を利用したATP合成が行われ，このようなATP合成を酸化的リン酸化という。

答　**問1**　ア－水　イ－解糖系　ウ－クエン酸回路　エ－電子伝達系
　　　　オ－ピルビン酸　カ－細胞質基質　キ－ミトコンドリア
　　　　ク－マトリックス　ケ－内膜
　　問2　(1)　基質レベルのリン酸化　　(2)　酸化的リン酸化

問題 29　発　酵

　生物は，体内に取り入れた物質を化学反応を利用してさまざまな物質につくり替えて利用している。このような生体内での化学反応による物質の変化を代謝という。代謝は同化や異化に大別される。

　異化には酸素が少ない環境条件で起こる発酵と，酸素が十分にある環境条件で起こる呼吸が知られている。発酵と呼吸では，共に ATP が生成される。

　微生物が発酵によりグルコースを分解すると，ある微生物は乳酸を生成し，別の微生物はエタノールを生成する。このことについて次の問 1 ～ 3 に答えよ。

問 1　乳酸を生成する発酵とエタノールを生成する発酵の代謝過程を比較すると，あるところまでは同じ反応が起こっている。2 つの発酵に共通する代謝過程の名称を答えよ。

問 2　問 1 の共通する代謝過程で最終的に生成する有機物の名称と，1 分子のグルコースから生体が獲得できる ATP 分子の数を答えよ。

問 3　ある微生物が 360 mg のグルコースを発酵により分解したところ，二酸化炭素が発生した。発生した二酸化炭素の量は何 mg か答えよ。また，この時生成した物質は乳酸とエタノールのいずれであるか答えよ。ただし原子量は H = 1，C = 12，O = 16として計算せよ。

（龍谷大）

　問 1，2　乳酸を生成する乳酸発酵と，エタノールを生成するアルコール発酵は，共に，**グルコースをピルビン酸に変える過程で ATP を合成する**。この過程は呼吸の解糖系とも共通する反応である。

　グルコース 1 分子当たり，ATP 2 分子を消費し，4 分子を合成する結果，乳酸発酵，アルコール発酵ともに差し引き **2 分子の ATP** が得られる。

Point　アルコール発酵と乳酸発酵

アルコール発酵：酵母菌，発芽種子などが行う。

$$C_6H_{12}O_6 \longrightarrow 2CO_2 + 2C_2H_5OH + 2ATP$$

乳酸発酵：主に乳酸菌が行う。動物の筋肉中でも同じ反応が起こり，その場合は解糖という。

$$C_6H_{12}O_6 \longrightarrow 2C_3H_6O_3 + 2ATP$$

アルコール発酵と乳酸発酵の概略は，以下の図の通り。

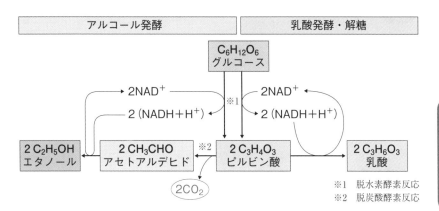

問3　グルコースを呼吸基質とした**乳酸発酵では乳酸だけが生じる**のに対して，**アルコール発酵ではエタノールと二酸化炭素が生じる**。「二酸化炭素が**発生した**」ということから，この微生物が行った発酵はアルコール発酵とわかる。よって，生成した物質はエタノール。アルコール発酵は，次の反応式で表される。

$$C_6H_{12}O_6 \longrightarrow 2CO_2 + 2C_2H_5OH + 2ATP$$

グルコース（$C_6H_{12}O_6$）の分子量は180，二酸化炭素（CO_2）の分子量は44。アルコール発酵では1分子のグルコースから2分子の二酸化炭素が生じるので，360 mgのグルコースをアルコール発酵に用いたときの二酸化炭素発生量を x mgとすると，

$$1 \times 180 : 2 \times 44 = 360 \,(\text{mg}) : x \,(\text{mg})$$

より，$x = \dfrac{2 \times 44 \times 360 \,(\text{mg})}{1 \times 180} = 176 \,(\text{mg})$

（答）
問1　解糖系
問2　有機物：ピルビン酸　　ATP：2分子
問3　二酸化炭素量：176 mg　　生成した物質：エタノール

生物が呼吸を行うときに放出する二酸化炭素（CO_2）と外界から吸収する酸素（O_2）との体積比，すなわち $\dfrac{CO_2}{O_2}$ を呼吸商といい，その値は呼吸基質の種類によって異なる。

トウゴマ，エンドウ，コムギの3種の植物種の発芽種子の呼吸に使われる呼吸基質を調べるために，下図のような装置 A，B にそれぞれ同量の発芽種子を入れ，一定時間後にガラス管内の赤インクの移動から，装置内の気体の体積の減少量(a), (b)を求めると，表のようになった。

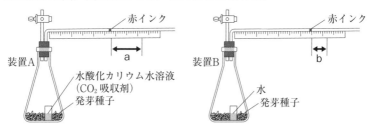

	トウゴマ	エンドウ	コムギ
装置 A	$147\,mm^3$	$180\,mm^3$	$154\,mm^3$
装置 B	$41\,mm^3$	$35\,mm^3$	$3\,mm^3$

（数値は5回の実験から得られた平均値を示す）

問1 トウゴマとエンドウの発芽種子の呼吸商の値を求め，最も近い数値を，次からそれぞれ1つずつ選べ。

① 0.5　② 0.6　③ 0.7　④ 0.8　⑤ 0.9　⑥ 1.0

問2 それぞれの発芽種子が呼吸基質として利用している物質は炭水化物，脂肪，タンパク質のいずれであると考えられるか。それぞれ答えよ。

（神戸薬大）

 呼吸で消費した酸素と，発生する二酸化炭素の体積比（$\dfrac{CO_2}{O_2}$）の値を**呼吸商**という。呼吸商は，呼吸に用いる有機物（呼吸基質）の種類によって，決まった値になる。

Point　呼吸商

$$呼吸商 = \frac{呼吸で発生する CO_2 の体積}{呼吸で消費した O_2 の体積}$$

各呼吸基質の呼吸商：炭水化物 1.0，　タンパク質 0.8，　脂肪 0.7

　装置Aには，フラスコ内の副室に **CO₂吸収剤** として KOH 水溶液が入っている。そのため，種子が呼吸で CO₂ を放出しても，CO₂ は KOH 水溶液に吸収されて **容器内の体積は増加しない**。呼吸で消費した O₂ の分だけ体積が減少するので，装置Aの体積減少量は **呼吸で消費した O₂ の体積** を表す。

　装置Bの副室には水が入っている（KOH 水溶液に対する対照）。水は容器内の気体の体積変化には影響しない。そのため，種子が O₂ を消費するとその分体積が減少し，CO₂ を放出すると体積が増加する。よって，装置Bの体積減少量は **呼吸で消費した O₂ と放出した CO₂ の体積の差** を表す。

例　体積減少量が，
　　$\begin{cases} 装置A：10\,mm^3 \\ 装置B：3\,mm^3 \end{cases}$
　　ならば，
　　$\begin{cases} O_2 消費量：10\,mm^3 \\ O_2 消費量と CO_2 放出量の \\ \quad 差：3\,mm^3 \end{cases}$
　　なので，CO₂ 放出量は
　　$10 - 3 = 7\,(mm^3)$

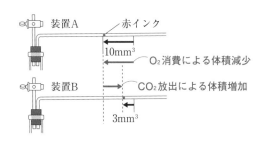

　実験結果から，各発芽種子の放出 CO₂ 量と呼吸商を求めると，下表の通り。

	トウゴマ	エンドウ	コムギ
装置A（消費 O₂ 量）	$147\,mm^3$	$180\,mm^3$	$154\,mm^3$
装置B	$41\,mm^3$	$35\,mm^3$	$3\,mm^3$
放出 CO₂ 量（=A－B）	$106\,mm^3$	$145\,mm^3$	$151\,mm^3$
呼吸商 $\left(\dfrac{CO_2}{O_2}\right)$	0.72	0.81	0.98

答　問1　トウゴマ－③　エンドウ－④
　　問2　トウゴマ－脂肪　エンドウ－タンパク質　コムギ－炭水化物

問題 31　植物の光合成

生物基礎 ＜ 生物

　光合成は光合成色素が光エネルギーで活性化される光化学反応（過程1），水を分解し，酸素と還元型補酵素を生成する反応（過程2），ATPの生産（過程3），二酸化炭素を吸収し，C_6化合物（炭水化物）をつくる炭酸同化作用（過程4）に分けられる。過程1は光化学系Ⅰと光化学系Ⅱの2つの反応系に分けられる。また，過程2の還元型補酵素はNADPHとして知られている。

問1　光合成全体の反応式は，

$$\boxed{\text{ア}}\ H_2O + \boxed{\text{イ}}\ CO_2 + 光エネルギー$$

$$\longrightarrow \boxed{\text{ウ}}\ (\ \boxed{\text{エ}}\ ) + \boxed{\text{オ}}\ H_2O + \boxed{\text{カ}}\ O_2$$

となる。$\boxed{}$　には係数，（　　）には分子式を入れよ。

問2　(1)　光合成において主色素としてはたらく色素の名称を答えよ。

　(2)　過程1から過程3は葉緑体のどこで行われるか。

　(3)　過程4は葉緑体のどこで行われるか。

　(4)　葉緑体の構造を模式的に表し，(2)と(3)の部位を図中に明示せよ。

　(5)　過程4で二酸化炭素の取り込みにはたらく酵素の名称を答えよ。

問3　光合成について述べた次の①〜⑤から，正しいものを2つ選べ。

　①　光化学系Ⅰも光化学系Ⅱも共に光エネルギーを吸収する。

　②　水分子を分解して得られた酸素分子が還元型補酵素を酸化する。

　③　過程4はクエン酸回路と呼ばれている。

　④　過程4で二酸化炭素はC_5化合物に取り込まれて，C_3化合物となる。

　⑤　水分子を分解して得られた水素イオンは水素分子を形成し，細胞外へ放出される。

（和歌山県医大）

　　問1　植物は葉緑体内で，光合成色素で吸収した光エネルギーを利用して，二酸化炭素と水からグルコースを生じる。この反応が光合成で，次の反応式で表される。

$$6CO_2 + 12H_2O \longrightarrow C_6H_{12}O_6 + 6O_2 + 6H_2O$$

問2　光合成の過程は，次の4つに分けられる。

　過程1　光化学反応：葉緑体に光が当たると，チラコイド膜の光化学系（クロロフィルなどを含むタンパク質）ⅡとⅠが，それぞれ電子（e^-）を放出する光化学反応が起きる。

　過程2　水の分解と，還元型補酵素の生成：過程1の結果，光化学系Ⅱで

は **H_2O が分解されて O_2 が発生**し，光化学系Ⅰが放出した e^-は，補酵素（$NADP^+$）に渡されて**還元型補酵素（NADPH）が生じる**。

過程3　ATP の合成：過程1で光化学系Ⅱが放出した e^-は，電子伝達系に渡されて電子伝達系の中を受け渡される。その際に生じたエネルギーで，H^+ がチラコイドの内側へ能動輸送される。その結果生じた H^+ の濃度勾配エネルギーが ATP 合成酵素を駆動し，ATP が合成される。

過程4　炭酸同化作用：ストロマでは過程2で生じた NADPH と，過程3で生じた ATP，気孔から取り込んだ CO_2を用いて，グルコースを生じる**カルビン回路**が進行する。CO_2の固定には**ルビスコ**という酵素がはたらく。

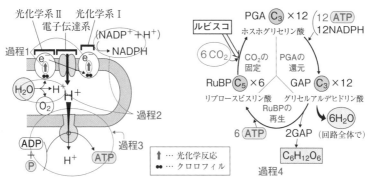

問3　① 共にクロロフィルを含むタンパク質からなり，**光エネルギーを吸収**して光化学反応（e^-の放出）を起こす。

② 還元型補酵素（NADPH）はカルビン回路で**水素を放出して酸化**され，酸化型補酵素（$NADP^+$）に戻る。

③ クエン酸回路は，ミトコンドリア内で進行する呼吸の反応過程の一部。

④ 1分子の二酸化炭素は **C_5化合物**であるリブロースビスリン酸（RuBP）1分子と結合し，**2分子の C_3化合物**ホスホグリセリン酸（PGA）となる。

⑤ 光合成の反応では水素分子（H_2）は発生しない。水の分解で生じた H^+ は最終的に**グルコース（$C_6H_{12}O_6$）の構成元素**になると考えてよい。

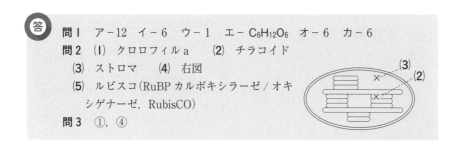

問1　ア−12　イ−6　ウ−1　エ−$C_6H_{12}O_6$　オ−6　カ−6

問2　(1) クロロフィルa　　(2) チラコイド
　　　　(3) ストロマ　　(4) 右図
　　　　(5) ルビスコ（RuBP カルボキシラーゼ / オキシゲナーゼ，RubisCO）

問3　①，④

2種類の植物XとYの葉を用いて，光強度と葉面積100cm^{2}当たりのCO$_2$吸収速度の関係を測定した（図1）。なお，呼吸速度は光強度によらず一定とする。

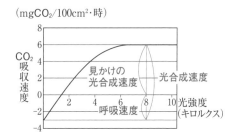

(mgCO$_2$/100cm^2·時)

図1

問1 植物Xの光合成速度が植物Yの光合成速度の2倍になるのは何キロルクスの光が照射されたときか。その値として最も適当なものを，次から1つ選べ。

① 1.0 ② 2.0 ③ 3.0 ④ 4.0

問2 植物Xの面積330cm^{2}の葉に7キロルクスの光を14時間照射した後，続けて暗黒下に10時間置いた。この実験終了時に葉の重量はグルコース量にして約何mg増加したか答えよ。ただし，呼吸基質はグルコースとし，葉でつくられた同化産物は他に移動しないものとする。また原子量はH＝1，C＝12，O＝16とする。

(獨協医大)

解説 **問1** 問題文にあるように，呼吸速度は一般に光強度の影響を受けず常に一定と考えてよいのに対して，**光合成速度は光強度の影響を大きく受ける**。暗黒条件では光合成は起こらないので，**暗黒条件でのCO$_2$放出速度は呼吸速度に等しい**。植物に照射する光強度と，植物のCO$_2$吸収速度の関係を示したグラフを光 – 光合成曲線と呼ぶ。

植物は光合成をしながら呼吸もしているので，「植物のCO$_2$吸収速度」は「見かけの光合成速度」と呼ばれ，「光合成によるCO$_2$固定速度」から「呼吸によるCO$_2$放出速度」を引いたものである。

例えば植物Xでは，暗黒時のCO$_2$吸収速度が－3〔mgCO$_2$/100cm^2·時〕なので，呼吸速度は3〔mgCO$_2$/100cm^2·時〕。8キロルクスでは，見かけの光合成速度が6〔mgCO$_2$/100cm^2·時〕なので，このときの光合成速度は，

(mgCO$_2$/100cm^2·時)

$$光合成速度 = \underbrace{6}_{見かけの光合成速度} + \underbrace{3}_{呼吸速度} = 9 \, [mgCO_2/100\,cm^2 \cdot 時]$$

とわかる。このように，植物X，Yそれぞれにおいて各光強度における光合成速度を読み取ると，下図に示すようになる。

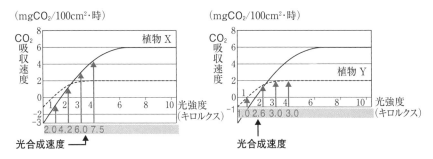

光強度が3キロルクスのとき，植物Xの光合成速度（6.0 $[mgCO_2/100\,cm^2 \cdot$ 時]）が，植物Yの光合成速度（3.0 $[mgCO_2/100\,cm^2 \cdot$ 時]）の2倍になる。

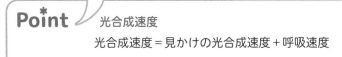

Point 光合成速度

光合成速度 ＝ 見かけの光合成速度 ＋ 呼吸速度

問2 植物Xの葉 $100\,cm^2$ に，7キロルクスの光を照射すると，1時間当たり光合成により $9.0\,mg$ の CO_2 を固定し，呼吸により $3.0\,mg$ の CO_2 を放出する。その結果，1時間当たり $9.0 - 3.0 = 6.0 \, [mg]$ の CO_2 を吸収する。また，暗黒下に置くと呼吸で1時間当たり $3.0\,mg$ の CO_2 を放出する。よって，

$$\underbrace{6.0\,[mg/時] \times 14\,[時間]}_{\substack{14時間の光照射下での \\ CO_2 吸収量}} - \underbrace{3.0\,[mg/時] \times 10\,[時間]}_{\substack{10時間の暗黒下での \\ CO_2 放出量}} = \underbrace{54\,[mg]}_{24時間での CO_2 吸収量}$$

より，24時間で，葉 $100\,cm^2$ に吸収された CO_2 量は $54\,mg$ となる。

光合成の反応式は，$6CO_2 + 12H_2O \longrightarrow C_6H_{12}O_6 + 6O_2 + 6H_2O$
なので，6モル（$6 \times 44\,g$）の CO_2 を用いると1モル（$1 \times 180\,g$）のグルコースが生じる。よって，吸収された CO_2 量をグルコース量に，また葉面積を $330\,cm^2$ 当たりに換算すると，$54 \times \underbrace{\dfrac{1 \times 180}{6 \times 44}}_{\substack{CO_2 量 \\ \to グルコース量}} \times \underbrace{\dfrac{330}{100}}_{\substack{100\,cm^2 \\ \to 330\,cm^2}} = 121.5 \, [mg]$

答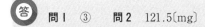

問1　③　　**問2**　121.5[mg]

光合成細菌

　体外から取り入れた二酸化炭素とエネルギーを利用した有機物の合成は
　ア　と呼ばれ，　ア　のうち光エネルギーを利用するものは光合成と
呼ばれる。現在地球上の大気の約21％を酸素が占めているが，地球が誕生し
た約46億年前の大気中に酸素はほとんど存在していなかったと考えられてい
る。その後，約27億年前になると光合成を行う生物が繁栄するようになり，
これによりまず海中に，続いて大気中に酸素が供給されることとなった。

　植物が行う光合成では酸素が発生するが，植物が行うものとは異なり酸素
が発生しない光合成もあり，例えば緑色硫黄細菌が行う光合成では酸素が発
生しない。これは電子伝達系へ送る電子が由来する物質が，植物と緑色硫黄
細菌で異なっているためである。電子伝達系へ送る電子は，植物の光合成で
は　イ　に由来するため酸素が発生するのに対し，緑色硫黄細菌の光合成
では水ではなく　ウ　に由来するため酸素が発生せず，植物ではみられな
い　エ　の蓄積が起こる。

問 1　文中の空欄に適切な語句を入れよ。

問 2　文中の下線部で言及されている生物に関する以下の問いに答えよ。

　(1)　現在生息している生物でこれに該当するものを，次から 1 つ選べ。

　　①　大腸菌　　　　　　②　オオカナダモ

　　③　紅色硫黄細菌　　　④　シアノバクテリア

　(2)　(1)で答えた生物に関する記述として適当なものを次からすべて選べ。

　　①　バクテリオクロロフィルが光化学系を形成する

　　②　カルビン回路により二酸化炭素を固定する

　　③　細胞壁をもつ　　　④　リボソームをもつ

　　⑤　葉緑体をもつ　　　⑥　ミトコンドリアをもつ

　　　　　　二酸化炭素からグルコースなどの有機物をつくる反応を炭酸同
化といい，炭酸同化を行うことができる植物などを独立栄養生物，
炭酸同化を行えない動物などを従属栄養生物という。光エネルギーをエネル
ギー源とする炭酸同化を光合成という。植物だけでなく，原核生物である細菌
のなかにも光合成を行うものがあり，それらを光合成細菌という。

　地球は約46億年前に誕生し，生命体は今から約40億年前に誕生したと推測さ
れている。最初に出現した光合成細菌は，酸素を発生しない光合成を行うもの

であった。酸素を発生する光合成を最初に行った光合成細菌は，約27億年前に出現したシアノバクテリアであると考えられている。

酸素を発生しない光合成を行う光合成細菌には緑色硫黄細菌や紅色硫黄細菌などがある。これらは光合成色素としてバクテリオクロロフィルをもち，**硫化水素(H_2S)を分解して生じた電子を電子伝達系へ送る。**そのため，**光合成に伴い硫黄（S）が蓄積**する。

酸素を発生する光合成を行うシアノバクテリアには，ネンジュモなどがある。これらは光合成色素としてクロロフィルaをもち，**水を分解して生じた電子を電子伝達系へ送る。**そのため，**光合成に伴い酸素(O_2)が発生**する。これらの特徴や，**光化学系Ⅰ，Ⅱをもつことなど，シアノバクテリアと植物の光合成は似ている点が多い。**

Point 光合成生物の比較

	反応式	光合成色素	電子伝達系で利用する e^- の由来
緑色硫黄細菌	$6CO_2 + 12H_2S + $ 光エネルギー $\longrightarrow C_6H_{12}O_6 + 6H_2O + 12S$ 酸素が発生せず硫黄が蓄積⤶	バクテリオクロロフィル	硫化水素 (H_2S)
緑色植物 シアノバクテリア	$6CO_2 + 12H_2O + $ 光エネルギー $\longrightarrow C_6H_{12}O_6 + 6H_2O + 6O_2$	クロロフィル	水 (H_2O)

問2 (1) 紅色硫黄細菌は，酸素を発生しない光合成を行う光合成細菌。オオカナダモは植物であり酸素を発生する光合成を行うが，真核生物が出現したのは約20億年前であり，27億年前には生息していなかったため不適当。大腸菌は従属栄養生物であり光合成を行わないため不適当。

(2) ① シアノバクテリアはバクテリオクロロフィルをもたない。

② 正しい。すべての独立栄養生物はカルビン回路により二酸化炭素を固定する。

③ 正しい。シアノバクテリアを含め，原核生物は細胞壁をもつ。

④ 正しい。すべての生物はタンパク質合成（翻訳）の場としてリボソームをもつ。

⑤，⑥ 誤り。シアノバクテリアは葉緑体やミトコンドリアなどの生体膜からなる細胞小器官をもたない。

答 問1 ア－炭酸同化 イ－水 ウ－硫化水素 エ－硫黄
問2 (1) ④ (2) ②，③，④

8. 遺伝子の本体とはたらき

遺伝子の本体　　　　　　　　　　　　　　　生物基礎 ◁ 生物

　肺炎双球菌には，外側に被膜をもつS型菌と，被膜をもたないR型菌とがある。この生物を用いて，グリフィスは，以下のような実験を行った。

実験1　S型菌をネズミに注射したところ肺炎を起こしたが，R型菌を注射しても肺炎を起こさなかった。また，加熱殺菌したS型菌をR型菌に混ぜてからネズミに注射すると，ネズミは肺炎を起こした。

　続いて，エイブリーは，以下のような実験を行った。

実験2　S型菌をすりつぶした抽出液をR型菌の培地に加えると，R型菌の中にS型菌が出現した。また，S型菌の抽出液にタンパク質分解酵素を作用させ，これをR菌型の培地に加えたところ，S型菌が出現した。しかし，S型菌の抽出液に(a)ある酵素を作用させ，これをR型菌の培地に加えた場合，S型菌は出現しなかった。

　また，ハーシーとチェイスは，バクテリオファージのT₂ファージを用いて，以下のような実験を行った。

実験3　T₂ファージのもつ(b)DNAとタンパク質に目印をつけて，大腸菌に感染させたときに，そのどちらが細胞内に入るかを調べた結果，大腸菌に入る物質はDNAだけであることを明らかにした。

問1　実験1において，明確な結論を得るためにグリフィスは本文中に記述していない対照実験を行っている。その実験と結果をそれぞれ記せ。

問2　下線部(a)について，最も適当な酵素を次から1つ選べ。

① アミラーゼ　　　② DNAリガーゼ　　　③ DNAポリメラーゼ

④ DNA分解酵素　　⑤ RNA分解酵素　　　⑥ トリプシン

問3　実験1や実験2で示されたような，遺伝的性質の変化を何というか。

問4　下線部(b)の目印には，DNAとタンパク質を区別できる元素の放射性同位体が用いられた。(1)DNAに含まれてタンパク質に含まれない元素と，(2)タンパク質に含まれてDNAには含まれない元素を，それぞれ元素記号を用いて記せ。

問5　実験1～3の結果より導かれる，最も重要な結論を20字以内で記せ。

問 1　実験 1 から，
　① 　S 型菌 ━━→ 病原性あり

② 　R 型菌 ━━→ 病原性なし

③ 　(加熱殺菌した S 型菌 ＋ R 型菌) ━━→ 病原性あり

　という事実がわかったが，③の対照として，

④ 　加熱殺菌した S 型菌 ━━→ 病原性なし

という事実を実験で確認しないと，「加熱殺菌した S 型菌に病原性があったために③の結果が得られた」という可能性を否定できない。

問 2，3　被膜をもたない R 型菌は，**被膜の遺伝情報が記された S 型菌の DNA を取り込むと，被膜をもつ S 型菌へと形質が変化する。このような，外部から取り込んだ DNA に記された遺伝子が発現することで形質が変化する現象**を，形質転換という。S 型菌の抽出液を DNA 分解酵素で処理すると S 型菌の DNA が分解され，R 型菌は被膜の遺伝情報を取り込むことができないため，形質転換は起こらない。

問 4　DNA とタンパク質は共に C，H，O，N を含み，その他に DNA はリン(P)を，**タンパク質は硫黄(S)を含む。**ハーシーとチェイスは放射性同位体の ^{32}P と ^{35}S を用いて，DNA とタンパク質のいずれが大腸菌内に入るかを追跡した。

Point　ファージを大腸菌に感染させ，大腸菌を試験管内で沈殿させると…

① 　^{32}P (DNA の目印)と S を含むファージを用いた場合

　　━━→ 放射線は大腸菌と同じ沈殿から検出される。

② 　P と ^{35}S (タンパク質の目印)を含むファージを用いた場合

　　━━→ 放射線は大腸菌のない，上澄みから検出される。

∴ 　大腸菌内に挿入される物質は(P を含む)DNA のみである。

問 5　実験 1，2 からは，S 型菌の遺伝情報を R 型菌に伝える物質が DNA であることが示された。実験 3 からは，大腸菌内に挿入される，ファージの遺伝情報が記された物質が DNA であることが示された。

答　**問 1**　実験：加熱殺菌した S 型菌のみをネズミに注射した。
　　結果：ネズミは肺炎を起こさなかった。
　　問 2　④　　**問 3**　形質転換　　**問 4**　⑴　P　　⑵　S
　　問 5　遺伝子の本体は DNA である。(14字)

DNA の構造

　DNA は，[　ア　] と糖と塩基からなる [　イ　] がつながった鎖状の高分子化合物である。DNA の構造を [　ウ　] 構造と呼ぶのは，[　イ　] がつながった 2 本の鎖が，互いに向き合った [　エ　] 的な塩基どうしでゆるく結合しながら，ねじれた構造をとっているからである。現在では，遺伝情報は DNA の塩基 [　オ　] として刻まれていることがわかっている。真核細胞の細胞分裂のときには，[　カ　] に巻きついた DNA 鎖が規則的に折りたたまれてひも状の [　キ　] を形成し，新しい細胞に遺伝情報が分配されていく。

問 1　文中の空欄に適する語句を答えよ。

問 2　核酸の構造に関する次の記述から，正しいものを 1 つ選べ。

① 核酸はヌクレオチドどうしが糖と塩基の部分で結合して鎖状構造をとる。

② ヌクレオチド鎖は方向性をもちリン酸側は $3'$ 末端，糖側は $5'$ 末端という。

③ ヌクレオチド鎖は $5' \longrightarrow 3'$ 方向にのみ伸長する。

④ 相補的な塩基間で水素結合する 2 本のヌクレオチド鎖の鎖の向きは，互いに同じ方向である。

問 3　DNA に関連した下記の(1)～(3)の研究成果をあげた人物名を答えよ。

(1) 膿に含まれる細胞の核から DNA を発見した。

(2) さまざまな生物の DNA を分析して，含まれる塩基の分子数に関する法則を見出した。

(3) 1953年に DNA の分子構造モデルを発表した。2 人答えよ。

問 4　α 鎖と β 鎖からなる 2 本鎖 DNA を構成する塩基の分子数を調べたところ，アデニン（A）とチミン（T）の合計が 54% を占めていた。また，α 鎖の全塩基数の 22% がグアニン（G）であった。

(1) 2 本鎖 DNA においてシトシン（C）が占める割合（%）を求めよ。

(2) β 鎖において G が占める割合（%）を求めよ。

（駒沢大）

問 1，2　核酸の構造を確認しよう。

　① 核酸は，ヌクレオチドの糖とリン酸が結合した主鎖から，塩基が突き出した鎖状構造をとる。

② ヌクレオチドの糖を構成する炭素には $1'$ ～ $5'$ の番号がついており，ヌクレオチド鎖において**リン酸側末端は** $5'$ **末端，糖側末端は** $3'$ 末端という。

③ 新しいヌクレオチドの連結は $3'$ 末端でしか起こらないので，ヌクレオ

チド鎖は 5′ ⟶ 3′ 方向にのみ伸長する。

④　ヌクレオチドの塩基間での**水素結合**は，互いに逆方向の鎖間で起こる。

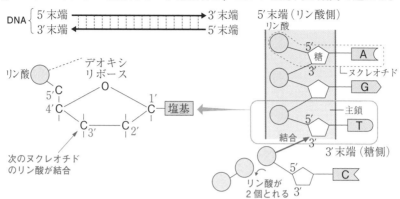

問4　DNA は 2 本のヌクレオチド鎖からなり，内側に突き出た塩基の A と T，G と C との間で相補的に水素結合している。これがシャルガフの規則が成立する理由である。

Point　2本鎖 DNA における塩基の割合

① 2本鎖 DNA では，A と T，G と C とが相補的に水素結合している
② 2本鎖 DNA では，A(%) = T(%)，G(%) = C(%)〈シャルガフの規則〉
③ A(%) + T(%) + G(%) + C(%) = 100(%)

(1)　2 本鎖 DNA では A(%) + T(%) = 54%，G(%) + C(%) = 100% − 54% = 46% となっている。よって，

$$A(\%) = T(\%) = \frac{54\%}{2} = 27\%, \quad G(\%) = C(\%) = \frac{46\%}{2} = 23\%$$

(2)　α 鎖と β 鎖の塩基は相補的に結合しているので，α 鎖の G の割合(22%) = β 鎖の C の割合。β 鎖の 46% は G もしくは C なので，β 鎖の G(%) = 46% − 22% = 24%

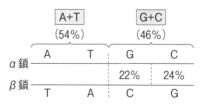

A+T (54%)		G+C (46%)	
A	T	G	C
		22%	24%
T	A	C	G

α 鎖（上）　β 鎖（下）

答

問Ⅰ　ア−リン酸　イ−ヌクレオチド　ウ−二重らせん　エ−相補
オ−配列　カ−ヒストン　キ−染色体　　**問2**　③
問3　(1)　ミーシャー　　(2)　シャルガフ　　(3)　ワトソン，クリック
問4　(1)　23%　　(2)　24%

問題 36　DNA の複製

問題 36　DNA の複製

36　DNA の複製

生物基礎

　大腸菌を $^{15}NH_4Cl$ を含む培地で何代も培養すると，DNA に含まれるほとんどすべての ^{14}N が ^{15}N に置き換わり，抽出した ^{15}N-DNA は遠心分離により，^{14}N-DNA よりも遠心管の下方にバンドを作る。$^{15}NH_4Cl$ を含む培地で培養した大腸菌を $^{14}NH_4Cl$ を含む培地で培養してから得られる DNA について，以下の問いに答えよ。

問 1　1 回目の DNA 複製終了後の DNA のバンドについて，正しく述べたものを次から 1 つ選べ。

①　^{15}N-DNA のバンドおよび ^{15}N-DNA と ^{14}N-DNA の中間のバンドが現れる。

②　^{15}N-DNA と ^{14}N-DNA の両方のバンドが現れる。

③　^{15}N-DNA と ^{14}N-DNA の中間に 1 本だけバンドが現れる。

④　^{15}N-DNA と ^{14}N-DNA の両方のバンド，および ^{15}N-DNA と ^{14}N-DNA の中間のバンドが現れる。

⑤　^{14}N-DNA のバンド，および ^{15}N-DNA と ^{14}N-DNA の中間のバンドが現れる。

問 2　2 回目の DNA 複製終了後の DNA のバンドについて，正しく述べたものを問 1 の選択肢から 1 つ選べ。

問 3　このような DNA の複製方式を何というか，答えよ。

問 4　このような実験により，DNA の複製法を証明した研究者 2 名を答えよ。

(聖マリアンナ医大)

　DNA の複製は，次の **Point** の順に行われる。

> **Po*int**　DNA の複製
> ①　2 本鎖 DNA の水素結合が切れ，1 本鎖になる。
> ②　1 本鎖の塩基に相補的な塩基をもつヌクレオチドが結合する。
> ③　DNA ポリメラーゼにより連結され，新しい 2 本鎖 DNA となる。

問 1　^{15}N-DNA のみでできている 2 本鎖 DNA を元にして，^{14}N からなるヌクレオチドを与えて 1 回複製を行うと，^{15}N-DNA と ^{14}N-DNA 1 本ずつからなる 2 本鎖 DNA が生じる。

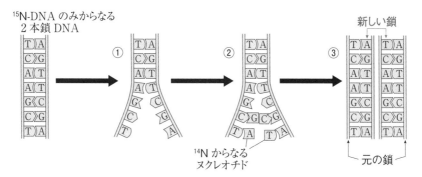

問2 1回目の複製で生じた ^{15}N-DNA と ^{14}N-DNA 1本ずつからできている2本鎖 DNA を元に，^{14}N からなるヌクレオチドを与えて2回目の複製を行う。すると，下図のように ^{15}N-DNA と ^{14}N-DNA 1本ずつからなる2本鎖 DNA と，^{14}N-DNA のみからなる2本鎖 DNA が1：1で生じる。

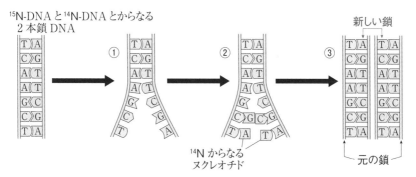

問3，4 このような複製法は半保存的複製と呼ばれ，メセルソンとスタールにより解明された。

答 問1 ③ 問2 ⑤ 問3 半保存的複製
問4 メセルソン，スタール

DNA の複製は，複製起点（複製開始点）と呼ばれる DNA 上の特定の領域において　　　　　が二重らせん構造を部分的に開裂する（DNA をほどく）ことから始まる。二重らせんがほどけて一本鎖になった領域に(a)<u>RNA プライマーと呼ばれる短い RNA 断片</u>が結合すると，この部位が起点となり，DNA ポリメラーゼがほどけた部分の塩基配列に相補的な塩基をもつヌクレオチドを連結し，新しい DNA 鎖が合成される。ヌクレオチドの伸長反応は決まった方向のみに起こるため，(b)<u>2 本の新生鎖</u>では DNA 合成のメカニズムが異なる。

問 1　文中の空欄に適する語を，次から 1 つ選べ。

① RNA ポリメラーゼ　　② DNA リガーゼ

③ DNA ヘリカーゼ　　　④ 制限酵素

問 2　下線部(a)に関して，DNA 合成の際に RNA プライマーが必要な理由として正しいものを次から 1 つ選べ。

① RNA プライマーが結合した領域では，mRNA が盛んに転写されるため。

② DNA ポリメラーゼは，足場となる短いヌクレオチド鎖がないと新しい鎖を合成できないため。

③ DNA と RNA が結合することで，その構造が安定するため。

④ RNA プライマーが，二本鎖 DNA の開裂を促進するため。

問 3　下線部(b)に関して，右図は DNA が複製されている領域の模式図である。

(1)　DNA が開裂する方向は(ア)，(イ)のいずれか。

(2)　連続的に合成されるヌクレオチド鎖である(ウ)の名称を答えよ。

(3)　不連続的に短い鎖が連結されることで合成されるヌクレオチド鎖である(エ)の名称を答えよ。

(4)　(エ)の合成において連結される短いヌクレオチド鎖の名称を答えよ。

（高崎健康福祉大）

問 l　RNA ポリメラーゼは RNA を合成する酵素，DNA リガーゼは DNA 鎖どうしを連結する酵素。

問 2　DNA ポリメラーゼは，すでに存在するヌクレオチド鎖の 3′ 末端に新しいヌクレオチドを連結させることしかできないので，**新しい鎖をゼロからつくり出すことはできない。DNA ポリメラーゼが鎖を伸長させる起点（足場）となる既存の短いヌクレオチド鎖**をプライマーという。細胞内での DNA 複製の際には，まず鋳型鎖に相補的な RNA からなるプライマーが合成され，DNA ポリメラーゼはこの RNA プライマーを起点として新生鎖を合成する。

問 3　(1)　DNA ヘリカーゼは，2 本鎖 DNA を複製起点から両方向に開裂させる。1 本鎖になった部分には相補的な新生鎖が合成される（右図）。

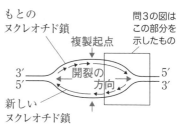

もとの
ヌクレオチド鎖

複製起点

問3の図はこの部分を示したもの

開裂の方向

新しい
ヌクレオチド鎖

(2)～(4)　DNA の 2 本のヌクレオチド鎖は互いに逆向きだが，ヌクレオチド鎖は 3′ 末端が伸長する一方向（5′ → 3′ 方向）にのみ合成される。そのため，合成される 2 本の鎖のうち，一方は開裂方向と同じ方向に**連続的に合成**され，これをリーディング鎖という。しかし，もう一方の鎖は開裂方向と伸長方向が逆向きになるので，短いヌクレオチド鎖（岡崎フラグメント）が**不連続に合成**され，それが DNA リガーゼによって連結され 1 本の新生鎖になる。これをラギング鎖という。

Po⃰int　細胞内での DNA の複製

①　DNA ヘリカーゼによって複製起点から二重らせんがほどかれ，DNA が両方向に開裂する。

②　複製の起点となる部分に RNA プライマーが合成される。

③　RNA プライマーを起点として，DNA ポリメラーゼが 5′ → 3′ 方向へ新生鎖を合成する。

④　RNA プライマーは分解され，DNA に置き換えられる。

⑤　ラギング鎖では，短いヌクレオチド鎖である岡崎フラグメントが DNA リガーゼにより連結され，新生鎖となる。

答　**問 l**　③　　**問 2**　②
　　問 3　(1)　(イ)　　(2)　リーディング鎖　　(3)　ラギング鎖
　　(4)　岡崎フラグメント

　酵素を用いて，試験管内で DNA の特定の領域だけを多量に増幅する手法が開発されており，これをポリメラーゼ連鎖反応（PCR）法という。

　PCR 法は，以下のような手順を 1 サイクルとして行われる。

手順 1　＊反応液を15秒間 95℃ で熱する。

手順 2　温度を 55℃ に急速に下げて 1 分間保つ。

手順 3　温度を 72℃ に上げて 3 分間保つ。

　＊反応液中に含まれるもの：2 本鎖 DNA，(a)DNA ポリメラーゼ，(b)2 種類のプライマー，4 種類の塩基のヌクレオチドなど。

　このサイクルを繰り返すことで，特定の DNA 断片のみを増幅できる。

問 1　下線部(a)に関して，PCR 法で用いられる DNA ポリメラーゼがもつヒトや大腸菌のものとは異なる性質として最も適切なものを次から 1 つ選べ。

① 試験管内でも利用することができる　　② 補酵素を必要とする

③ 高温でも活性を失わない　　④ RNA を合成することができる

問 2　PCR 法の手順 1 において，反応液を15秒間 95℃ で熱したとき，2 本鎖 DNA 中で起こる変化として，最も適切なものを次から 1 つ選べ。

① 糖と塩基の結合が切れる　　② 塩基どうしの結合が切れる

③ 糖どうしの結合が切れる　　④ 糖とリン酸の結合が切れる

問 3　PCR 法のサイクルを10回繰り返したときに，DNA が増幅する過程をグラフに描いたものとして最も適切なものを，次の①〜④から 1 つ選べ。

① 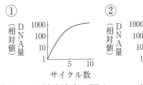　② 　③ 　④

問 4　下線部(b)に関して，次の 2 つの塩基配列にはさまれた二本鎖 DNA を PCR で増幅したい。適した 2 つのプライマーの塩基配列を下から 2 つ選べ。

　　5′－CATACGGGATTG……………GACCTGTGGAAGC－3′

　　3′－GTATGCCCTAAC……………CTGGACACCTTCG－5′

① 5′－CATACGGGATTG－3′　　② 5′－GTATGCCCTAAC－3′

③ 5′－GTTAGGGCATAC－3′　　④ 5′－CAATCCCGTATG－3′

⑤ 5′－GACCTGTGGAAGC－3′　　⑥ 5′－CTGGACACCTTCG－3′

⑦ 5′－CGAAGGTGTCCAG－3′　　⑧ 5′－GCTTCCACAGGTC－3′

（群馬大・関西大）

解説 問1, 2　PCR法(ポリメラーゼ連鎖反応法)は，短時間で効率よくDNAを増幅できる方法である。DNA複製では，2本鎖DNAの塩基間の水素結合がいったん切れて，1本鎖になる必要がある。**DNAの塩基間の水素結合は，高温(95℃程度)で切れる性質をもつので，**PCR法ではこの性質を利用して1本鎖にする。その後55℃程度に保つと，1本鎖DNAに相補的なプライマーが結合する。そして72℃に加熱するとDNAポリメラーゼがプライマーを起点としてヌクレオチドを次々に連結し，新しい2本鎖DNAが完成する。

　　しかし，酵素の主成分であるタンパク質は一般に熱に弱い。ヒトや大腸菌などがもつDNAポリメラーゼでは，95℃という高温条件でタンパク質が変性して失活してしまう。そこで好熱菌などがもつ，95℃条件でも失活しない耐熱性が高い酵素を用いる必要がある。

問3　DNAは半保存的に複製されて，1回複製を行うごとにDNAは2倍に増える。よって，1分子のDNAを元に複製を行うと，1回で2分子，2回で4分子，3回で8分子…と増幅し，n回の複製後には2^n倍に増える。また，選択肢のように縦軸が対数目盛りとなっている場合，**変化率が一定のグラフは直線になる。**

問4　問題37の解説でも述べたように，DNAポリメラーゼはDNA複製の際にプライマーを必要とする。PCR法を行うときは，あらかじめ増幅したい二本鎖DNAの両端の塩基配列を調べ，鋳型鎖に相補的な塩基配列をもつDNAプライマーを設計して用いる。水素結合する2本のヌクレオチド鎖は互いに方向性が逆で，ヌクレオチド鎖は3′末端が伸長する一方向にのみ合成されることから，**プライマーは2本の鋳型鎖の各3′末端に相補的に結合する2種類を設計する。**ただし，DNAの2本鎖は相補的なので，プライマーは2本の鋳型の5′末端と同じ配列をもつ。

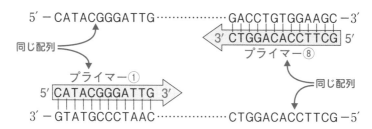

答 問1　③　　問2　②　　問3　③　　問4　①, ⑧

9. 遺伝子の発現

遺伝子発現の流れ

生物基礎 ＜ 生物

　遺伝子発現は，DNA として存在する遺伝子の塩基配列を鋳型にして RNA に写し取る ［ ア ］ という過程から始まる。DNA の複製と同じ様に，鋳型の塩基配列と相補的な塩基をもつヌクレオチドが順番につながれていくが，［ ア ］ では，アデニンに対する相補的な塩基は ［ イ ］ となる。［ ア ］ でつくられる RNA のうち，タンパク質についての情報をもつのは，mRNA である。mRNA の塩基配列が ［ ウ ］ という過程によって，アミノ酸配列に変換され，タンパク質が合成される。細胞内で実際に ［ ウ ］ を行うのは，細胞小器官の ［ エ ］ である。［ エ ］ は，［ オ ］ と呼ばれる塩基３つの並びを１つのアミノ酸の情報として正確に読み取り，次々とアミノ酸を連結していくことで，タンパク質を合成する。遺伝暗号ともいえる ［ オ ］ は多くの研究によって解読されており ［ オ ］ に対応するアミノ酸をまとめたものが右に示す遺伝暗号表である。

第1塩基	第2塩基				第3塩基
	U	C	A	G	
U	UUU UUC フェニルアラニン UUA UUG ロイシン	UCU UCC UCA UCG セリン	UAU UAC チロシン UAA 終止 UAG 終止	UGU UGC システイン UGA 終止 UGG トリプトファン	U C A G
C	CUU CUC CUA CUG ロイシン	CCU CCC CCA CCG プロリン	CAU CAC ヒスチジン CAA CAG グルタミン	CGU CGC CGA CGG アルギニン	U C A G
A	AUU AUC イソロイシン AUA AUG メチオニン(開始)	ACU ACC ACA ACG トレオニン	AAU AAC アスパラギン AAA AAG リシン	AGU AGC セリン AGA AGG アルギニン	U C A G
G	GUU GUC GUA GUG バリン	GCU GCC GCA GCG アラニン	GAU GAC アスパラギン酸 GAA GAG グルタミン酸	GGU GGC GGA GGG グリシン	U C A G

問1　文中の空欄にあてはまる語句を答えよ。

問2　文中の下線部の過程でアミノ酸の運搬にはたらく分子は何か答えよ。

問3　アミノ酸配列が「バリン－トリプトファン－プロリン－アルギニン」の順番となる mRNA の塩基配列は何通りとなるか答えよ。

問4　右図は人工的に合成したmRNA の塩基配列である。

(5′末端)－**A A G G U C U G C G A A U A G**－(3′末端)

翻訳方向 ⟶

図　人工的に合成した mRNA の塩基配列

このmRNA を大腸菌をすりつぶした抽出液に加えたところ，いくつかのテトラペプチド（４つのアミノ酸が連結したペプチド）が合成された。得られたテトラペプチドの種類数と，それぞれのアミノ酸配列をすべて答えよ。

(信州大)

問1, 2 遺伝子発現の際，2本鎖DNAの塩基間の水素結合は
いったん部分的に切れて1本鎖になる。遺伝情報が記された特
定の1本が鋳型となって，相補的な塩基配列をもつmRNAが合成される。
この過程が転写である。リボソームに結合したmRNAには，tRNA（転移
RNA）が，mRNAの3塩基（コドン）に対応した特定のアミノ酸を運搬してく
る。この過程が翻訳で，コドンとアミノ酸の対応を示したものが遺伝暗号表
（コドン表）である。

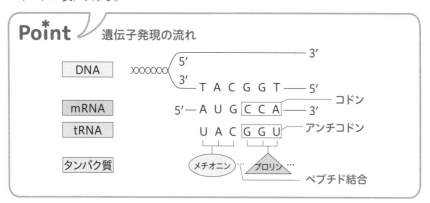

問3 遺伝暗号表より，バリンを指定するコドンは4種類，トリプトファンは
1種類，プロリンは4種類，アルギニンは6種類なので，これらの組合せは，
4×1×4×6＝96〔通り〕となる。

問4 mRNAは3塩基で1個のアミノ酸を指定するので，図のmRNAを3塩
基ごとに区切ると**3通りの区切り方**がある。指定されるアミノ酸を遺伝暗
号表から探し出すと，次のようになる。

① AAG GUC UGC GAA UAG ← UAGはアミノ酸を指定
　　リシン　バリン　システイン　グルタミン酸　　　　しない終止コドン

② （A） AGG UCU GCG AAU （AG）
　　　　　アルギニン　セリン　アラニン　アスパラギン

③ （AA） GGU CUG CGA AUA （G）
　　　　　グリシン　ロイシン　アルギニン　イソロイシン

答
問1 ア－転写　イ－ウラシル　ウ－翻訳　エ－リボソーム　オ－コドン
問2 tRNA（転移RNA）　**問3** 96通り
問4 3種類　リシン－バリン－システイン－グルタミン酸
アルギニン－セリン－アラニン－アスパラギン
グリシン－ロイシン－アルギニン－イソロイシン

フェニルケトン尿症は先天性アミノ酸代謝異常症の１つで，フェ

フェニルアラニン水酸化酵素

食事 ········▶ フェニルアラニン ──▶ チロシン ········▶ 代謝

ニルアラニンをチロシンに転換する酵素であるフェニルアラニン水酸化酵素が欠損しているために，血中のフェニルアラニン濃度が高くなる疾患である。

　フェニルアラニン水酸化酵素は452個のアミノ酸からなる。この酵素の遺伝子には多くの種類の遺伝子変異が発見されている。下表は，そのうちのいくつかの変異についてまとめたものである。ア～スの欄にあてはまるものを下の(1)～(4)の選択肢の中から選び，表を完成せよ。ただし，同じものを複数回使用してもよい。また，p.84 の遺伝暗号表も参考にせよ。

変異コドンの先頭からの番号	鋳型鎖の塩基の変異	変異の種類	生じるタンパク質	酵素活性の変化	フェニルケトン尿症
55	TTT → TT	ア	オ	ケ	シ
77	TAT → TAG	イ	カ	コ	ス
245	GTG → GTA	ウ	キ	サ	
413	CGC → CCC	エ	ク		

(1)　変異の種類(ア～エの選択肢)
　①　アミノ酸が置き換わる
　②　終止コドンができる
　③　フレームにずれが生じる
　④　コドンが変わっただけで，アミノ酸に変化はない
(2)　どのようなタンパク質ができるか？(オ～クの選択肢)
　⑤　野生型と全く同じアミノ酸配列をもったポリペプチドができる
　⑥　このコドン以降のアミノ酸が違うアミノ酸に置き換わる
　⑦　このコドンに相当するアミノ酸だけが置き換わったポリペプチドができる
　⑧　翻訳が終了し，短いポリペプチドができる
(3)　酵素活性はどうなると予想されるか？(ケ～サの選択肢)
　⑨　野生型と全く同じ活性をもつ
　⑩　野生型に比べて弱い活性しかもたない
　⑪　全く活性をもたない

(4) フェニルケトン尿症を発症するか？（シ，スの選択肢）

⑫　発症する　　　　⑬　発症しない

（京都工芸繊維大）

 解説　　DNA の塩基配列に変化が生じる突然変異には，塩基が失われる欠失，塩基が付加される挿入，異なる塩基に変化する置換などがある。55番コドンに対応する DNA に生じたような 1 塩基の欠失が起きると，3 塩基で 1 個のアミノ酸を指定するコドンの読み枠が55番コドン以降すべて 1 塩基ずつずれる。そのため，**これ以降のアミノ酸配列がすべて変化し**，本来とは全く異なる立体構造の，酵素活性をもたないポリペプチドが生じる。

77番，245番，413番コドンに対応する DNA では，いずれも置換が起きている。変異前後のコドンおよびアミノ酸をまとめると下表のようになる。

	77 番		245 番		413 番	
	変異前	変異後	変異前	変異後	変異前	変異後
DNA	TAT	TAG	GTG	GTA	CGC	CCC
mRNA	AUA	AUC	CAC	CAU	GCG	GGG
アミノ酸	イソロイシン	イソロイシン	ヒスチジン	ヒスチジン	アラニン	グリシン

77番と245番は，変異前後でコドンは変化したが**指定されるアミノ酸は同じ**なので，タンパク質の立体構造は変化せず，酵素活性も変化しない。

一方，413番では**指定されるアミノ酸がアラニンからグリシンへと変化する**ので，413番目のアミノ酸のみが置き換わったタンパク質が合成される。

*Point　突然変異の種類

塩基の欠失・挿入

　　→ 変異以降,すべて異なるアミノ酸に変化する（**フレームシフト変異**）

塩基の置換

　　→① 同一のアミノ酸を指定するコドンに変化（**サイレント変異**）

　　　② 異なるアミノ酸を指定するコドンに変化（**ミスセンス変異**）

　　　③ 終止コドンに変化（**ナンセンス変異**）

答
(1)　ア－③　イ－④　ウ－④　エ－①
(2)　オ－⑥　カ－⑤　キ－⑤　ク－⑦
(3)　ケ－⑪　コ－⑨　サ－⑨　　(4)　シ－⑫　ス－⑬

問題 41 真核生物のタンパク質合成

生物

生物の遺伝情報は，DNA の塩基配列として存在する。DNA の塩基配列は転写によって RNA へと写し取られ，mRNA が合成される。ふつう遺伝情報は 2 本鎖 DNA の一方の鎖にあり，転写の際に鋳型鎖となるヌクレオチド鎖を ア 鎖という。 ア 鎖が 5′-GATC-3′ とすると，RNA の塩基配列は 5′- イ -3′ となる。

mRNA の配列に基づいて翻訳の過程でアミノ酸が順番に重合され，タンパク質が合成されるが，真核生物の遺伝子には，その DNA 塩基配列の中に翻訳されない領域をもつことがある。翻訳される領域を ウ ，翻訳されない領域を エ といい，転写によって合成された RNA（mRNA 前駆体）は，そこから エ が取り除かれ， ウ のみがつなぎ合わされて再構築され mRNA となる。この過程をスプライシングという。

問1 文中の空欄に入る最も適当な語句を答えよ。

問2 文中の下線部について，次の記述のうち，正しいものをすべて選べ。

① 遺伝子の DNA 配列中の ウ に該当する部位には変異が起こり塩基配列が変化するが， エ に該当する部位に変異が起こり塩基配列が変化することはない。

② スプライシングの過程で ウ が取り除かれる場合があり，その取り除かれる部位が変化することで，1 種類の遺伝子から異なる ウ の組み合わせをもつ mRNA がつくられることがある。

③ 転写は細胞の中の核内で行われるが，スプライシングは細胞質基質で行われる。

（麻布大・武庫川女大）

 問1 ア，イ．下図のように，DNA の 2 本鎖のうち，転写の際に鋳型となる側の鎖は RNA と相補的な配列をもち，鋳型とならない側の鎖は RNA の U を T に変えたものと全く同じ配列になる。翻訳に用いられる mRNA の配列を「意味のある（sense）配列」と考え，それと同じ配列をもつ**鋳型とならない DNA をセンス鎖**，鋳型となる側の鎖を**アンチセンス鎖**という。

```
DNA  3′ ⌒ CTAG ── 5′ ……センス鎖（非鋳型鎖）
     5′ ⌒ GATC ── 3′ ……アンチセンス鎖（鋳型鎖）
RNA  3′ ── CUAG ── 5′
```

ウ，エ．真核生物の遺伝子DNAには，**アミノ酸配列の情報をもつエキソン**
領域と，**情報をもたないイントロン領域**とが交互に**存在**している。エキソ
ンとイントロンはともに転写されるが，転写後に**イントロンを除去してエ**
キソンを連結するスプライシングが**核内**で起こる。スプライシングにより
完成した，エキソンのみからなる mRNA（成熟 mRNA）は，核膜孔を通っ
て細胞質へと移動してリボソームと結合し，翻訳が起こる。

問2 ① 誤り。エキソン，イントロンのどちらも変異により塩基配列が変化
することがある。ただし，エキソンに変異が生じた場合，指定されるアミ
ノ酸の変化などによりタンパク質のアミノ酸配列が変化することがあるの
に対し，イントロンに変異が生じた場合は，翻訳前にイントロンがスプラ
イシングで除去されるため，タンパク質のアミノ酸配列は変化しない。

② 正しい。遺伝子内のエキソンの一部は，スプライシングによってイント
ロンとともに除去されることがあり，これを選択的スプライシングという。
どのエキソンが除去されるかは，細胞の種類や発生の時期により異なって
いるので，同じ mRNA 前駆体からつくられた成熟 mRNA でも，時期や
細胞によって異なることがある。選択的スプライシングには，**1つの遺**
伝子から多様な遺伝子産物をつくりだすことができるという意義がある。

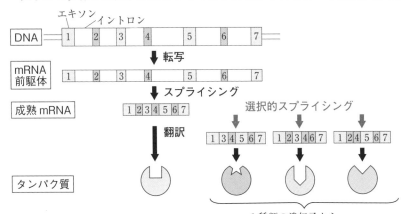

③ 誤り。転写，スプライシングはともに核内で行われる。

 問1 ア－アンチセンス　イ－GAUC　ウ－エキソン　エ－イントロン
問2 ②

生物がもつ必要最小限の遺伝情報の1組を ____ と呼ぶ。DNAの塩基配列は，転写，翻訳の過程を経て，タンパク質のアミノ酸配列を決定する。転写はDNAを鋳型としてRNAを合成する反応で，RNAポリメラーゼが行う。(a)原核生物では，転写された伝令RNA(mRNA)はその場で直ちに翻訳されるが，真核生物では，(b)転写と翻訳は細胞内の異なった部位で行われる。

問1 文中の ____ に適切な語句を入れよ。また，ヒトの体細胞1個には ____ が何組含まれるか答えよ。

問2 図1は，下線部(a)のようすを模式的に示したものである。

(1) 図1中の(ア)〜(エ)が示すものとして最も適当なものを，次から1つずつ選べ。

① mRNA ② リボソーム

③ 翻訳中のタンパク質(ポリペプチド鎖) ④ RNAポリメラーゼ

図1

(2) 転写が進行する方向，および翻訳の進行する方向を，図1中の(C)〜(F)から1つずつ選べ。

問3 下線部(b)について，転写と翻訳が行われるそれぞれの部位を，次から1つずつ選べ。

① 細胞質基質 ② 細胞膜 ③ 核

④ ゴルジ体 ⑤ 液胞

問4 図1の(A)−(B)はこの遺伝子の転写領域の長さを示す。この遺伝子から合成されるタンパク質の分子量を求め，有効数字3桁で答えよ。ただし，(A)−(B)間がすべてタンパク質に翻訳され，DNAの10ヌクレオチド対で構成される鎖の長さを3.4nm，アミノ酸の平均分子量を100とする。

(京都府大)

問1 ゲノムとは，**生物を形作るのに必要最小限の遺伝**情報（DNA）1組である。ゲノムは精子や卵などの配偶子1個がもつ遺伝情報で，体細胞には2組含まれる。

問2 (2) mRNAの長さに着目。転写が

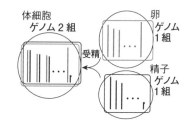

進んで，転写開始点から離れるほど mRNA は長くなる（バナナの皮がむき始めから離れるほど長くなるのと同じ）。

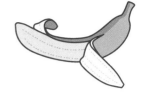

また翻訳では，リボソームが mRNA の端（転写開始点に対応する部分）に付着し，DNA に近づく方向へと進む。DNA により近い，翻訳が進んだリボソームに付着したポリペプチド鎖ほど長いことからも翻訳の方向がわかる。

Po*int — 転写と翻訳の方向

① 短い mRNA をもつ RNA ポリメラーゼほど，転写開始点に近い。
② リボソームは，mRNA 上を DNA に近づく方向へと翻訳を進める。

問3 真核生物では，DNA が存在する**核内で転写が進行**し，mRNA は核膜孔から核外へと出て，細胞質に存在するリボソームに結合する。なお，リボソームは細胞質基質に存在するものと小胞体に付着しているものとがある。リボソームが付着した小胞体は粗面小胞体と呼ばれ，細胞膜に埋め込まれてはたらくタンパク質や，細胞膜外へ分泌されてはたらくタンパク質は，粗面小胞体上のリボソームで合成される。

問4 DNA のヌクレオチド10対の長さが 3.4 nm なので，1対当たりの長さは 0.34 nm。よって，$0.71\,\mu\mathrm{m}\,(=0.71\times10^3\,\mathrm{nm})$ に含まれるヌクレオチド対は $\dfrac{0.71\times10^3}{0.34}$ 対。DNA の3ヌクレオチド対が1個のアミノ酸を指定するので，$\dfrac{0.71\times10^3}{0.34}$ 対のヌクレオチド対が指定するアミノ酸の数は，$\dfrac{0.71\times10^3}{0.34}\times\dfrac{1}{3}$ 個。アミノ酸1個の分子量が100なので，合成されるタンパク質の分子量は，次のようになる。

$$\underbrace{\dfrac{0.71\times10^3}{0.34}\times\dfrac{1}{3}}_{\text{指定されるアミノ酸の数}}\times100 \fallingdotseq 6.96\times10^4$$

指定される全アミノ酸の分子量

答
問1 ゲノム，2組
問2 (1) (ア)－④ (イ)－① (ウ)－② (エ)－③
(2) 転写－(D) 翻訳－(E)
問3 転写－③ 翻訳－① 問4 6.96×10^4

原核生物の遺伝子発現調節

生物

　原核生物の大腸菌は，培地中のグルコースを炭素源として利用するが，グルコースのかわりにラクトースを含む培地中では，ラクトースを分解する酵素が分泌され，ラクトースを利用するようになる。しかし，この大腸菌を，ラクトースを含まない培地に移すとラクトース分解酵素が産生されなくなる。このしくみに関する説明として，ラクトース(a)分解酵素など３種類の酵素タンパク質（図中イ，ウ，エ）をコードする３つの遺伝子は，まとまって１つの mRNA（図中 i）に転写されるという考えを発展させ，その転写をまとめて制御する遺伝子が存在するという遺伝子発現モデルが提唱された。

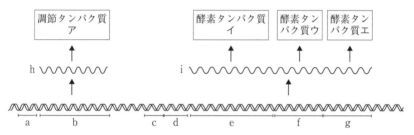

問１　下線部(a)の考え方は何と呼ばれるか。

問２　上記の研究によってノーベル医学生理学賞を受賞した研究者２名は誰か。

問３　図中アの調節タンパク質によって，イ，ウ，エの発現が抑制される。アのタンパク質を何と呼ぶか。

問４　アのタンパク質が結合する転写調節領域を何と呼ぶか。また，その領域を記号で答えよ。

問５　ラクトースが代謝を受けて変化した誘導物質が，アのタンパク質に結合すると，このタンパク質が転写調節領域から解離する。この現象が生じる理由を20字以内で述べよ。

問６　プロモーターと呼ばれる領域はどれか，すべて記号で答えよ。

問７　プロモーターに結合する酵素タンパク質は何か。

（酪農学園大）

　問１，２　原核生物では，複数の遺伝子がまとめて転写調節されることが多い。「まとめて転写調節される遺伝子の集まり」をオペロンといい，ジャコブとモノーが「オペロン説」として説明した。

問3，4，6，7　遺伝子発現調節に関係する用語をまとめておこう。

問5　リプレッサーがオペレーターに結合していると，RNA ポリメラーゼがプロモーターに結合できないため転写が起こらない。しかし，ラクトース存在下ではリプレッサーがラクトース誘導物質と結合してオペレーターに結合できなくなり，RNA ポリメラーゼがプロモーターに結合して転写が起こる。

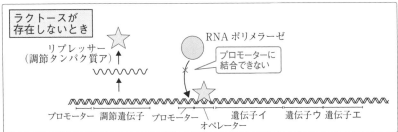

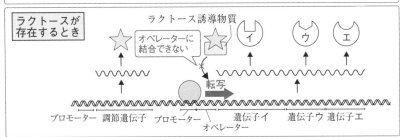

　なお，リード文にもあるように，**オペロンに含まれる複数の遺伝子はまとめて1本の mRNA として転写される**ことも確認しておこう。

　問1　オペロン説　　**問2**　ジャコブ，モノー　　**問3**　リプレッサー

　　問4　オペレーター，d

　　問5　タンパク質アの立体構造が変化したため。(19字)

　　問6　a，c　　**問7**　RNA ポリメラーゼ

遺伝子組換え

生物

外来遺伝子を発現する ｜ ア ｜ マウスを作製するにあたり，あらかじめマウスに導入する DNA 断片を構築する必要がある。この DNA 断片は通常，(a)DNA の特定の配列を切断する ｜ イ ｜ 酵素と，切断面をつなぐ ｜ ウ ｜ などの各種酵素を利用した遺伝子組換え法を用いて試験管内で作製される。この DNA 断片は，プラスミドなどの ｜ エ ｜（遺伝子の運び屋）に組み込んで大腸菌内に導入することにより，大量に調製することができる。こうして調製した DNA 断片を，マウス受精卵に注入すると，DNA 断片は一定の頻度でマウスのゲノム DNA に挿入されるため， ｜ ア ｜ マウスが作られる。

問 l 文中の空欄にあてはまる適切な語句を，次からそれぞれ 1 つずつ選べ。

① イントロン ② ノックアウト ③ DNA ポリメラーゼ

④ トランスジェニック ⑤ 制限 ⑥ ベクター

⑦ DNA リガーゼ ⑧ 消化 ⑨ ウイルス

問 2 下線部(a)の酵素の 1 つとして *Bam*HI がある。*Bam*HI は右に示すような 6 塩基対の DNA 塩基配列を特異的に認識して点線のような切断を行う。

$$\begin{array}{c} Bam\text{HI} \\ -\text{G}\!+\!\text{G}-\text{A}-\text{T}-\text{C}-\text{C}- \\ -\text{C}-\text{C}-\text{T}-\text{A}-\text{G}\!+\!\text{G}- \\ \text{切断} \end{array}$$

(1) 21000 bp（塩基対）の長さをもつ任意の塩基配列の DNA 断片に *Bam*HI を作用させた際に生じる切断箇所は，平均何箇所と期待されるか。小数点第 1 位を四捨五入し整数値で答えよ。

(2) ある DNA 配列を，下図に示す①〜⑥の酵素（各酵素が特異的に認識する 4 もしくは 6 塩基対の DNA 配列とその切断箇所を示す）のいずれかで切断した場合，別の DNA 配列を *Bam*HI で切断して生じた DNA 断片と ｜ ウ ｜ を用いて結合可能なものはどれか，番号をすべて答えよ。

① *Eco*RI
$$-\text{G}\!+\!\text{A}-\text{A}-\text{T}-\text{T}-\text{C}- \\ -\text{C}-\text{T}-\text{T}-\text{A}-\text{A}\!+\!\text{G}-$$

② *Bam*HI
$$-\text{G}\!+\!\text{G}-\text{A}-\text{T}-\text{C}-\text{C}- \\ -\text{C}-\text{C}-\text{T}-\text{A}-\text{G}\!+\!\text{G}-$$

③ *Dpn*I
$$-\text{G}-\text{A}\!+\!\text{T}-\text{C}- \\ -\text{C}-\text{T}\!+\!\text{A}-\text{G}-$$

④ *Sau*3AI
$$\!+\!\text{G}-\text{A}-\text{T}-\text{C}- \\ -\text{C}-\text{T}-\text{A}-\text{G}\!+\!$$

⑤ *Nla*IV
$$-\text{G}-\text{G}-\text{A}\!+\!\text{T}-\text{C}-\text{C}- \\ -\text{C}-\text{C}-\text{T}\!+\!\text{A}-\text{G}-\text{G}-$$

⑥ *Avr*II
$$-\text{C}\!+\!\text{C}-\text{T}-\text{A}-\text{G}-\text{G}- \\ -\text{G}-\text{G}-\text{A}-\text{T}-\text{C}\!+\!\text{C}-$$

（東海大）

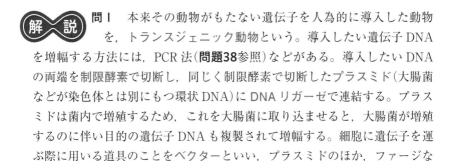

問1 本来その動物がもたない遺伝子を人為的に導入した動物を，トランスジェニック動物という。導入したい遺伝子DNAを増幅する方法には，PCR法（**問題38**参照）などがある。導入したいDNAの両端を制限酵素で切断し，同じく制限酵素で切断したプラスミド（大腸菌などが染色体とは別にもつ環状DNA）にDNAリガーゼで連結する。プラスミドは菌内で増殖するため，これを大腸菌に取り込ませると，大腸菌が増殖するのに伴い目的の遺伝子DNAも複製されて増幅する。細胞に遺伝子を運ぶ際に用いる道具のことをベクターといい，プラスミドのほか，ファージなどのウイルスも用いられる。

問2 (1) 2本鎖DNAには $\dfrac{A}{T}$，$\dfrac{T}{A}$，$\dfrac{G}{C}$，$\dfrac{C}{G}$ の4種類の塩基対が存在し，その出現確率はそれぞれ $\dfrac{1}{4}$。よって，DNAの塩基配列に，*Bam*HIが認識する6塩基対の配列が出現する確率が $\left(\dfrac{1}{4}\right)^6$ となる。これは言い換えると，**_Bam_HIが認識して切断する配列が，平均 4^6 塩基対ごとに1回出現する**ということ。よって，21000塩基対からなるDNAに*Bam*HIを作用させると，$21000 \div 4^6 \fallingdotseq 5.1$ より，5箇所の切断箇所が出現する。

(2) *Bam*HIでDNAを切断すると，切断面に1本鎖部分が生じる。*Bam*HI以外の制限酵素による切断面でも，**1本鎖部分が相補的ならばDNAリガーゼで連結できる**。*Bam*HIの切断面と，①〜⑥の制限酵素の切断面とを合わせてみると，下図のようになる。

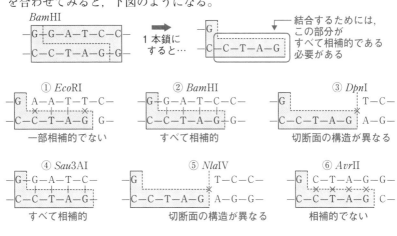

答
問1　ア−④　イ−⑤　ウ−⑦　エ−⑥
問2　(1) 5箇所　　(2) ②，④

コロニーのスクリーニング

生物

　大腸菌プラスミドを利用したあるベクターは，図1のようにアンピシリン（抗生物質の一種）の作用を抑える物質の遺伝子（Amp^r）とラクトースを分解する物質の遺伝子（遺伝子 L）を含む。外来の遺伝子が組み込まれる領域は遺伝子 L の中にあり，外来の遺伝子が組み込まれると遺伝子 L は分断されて機能を失う。そこで，ある遺伝子 X の DNA をこのプラスミドの遺伝子組み込み領域に次のようにして組み込んだ。遺伝子 X の両端を制限酵素で切断し，同じ制限酵素で切断して開環したプラスミドと混合し，DNA リガーゼを作用させた（図2）。この組み込みを完了したプラスミドを大腸菌を含む培養液に混ぜたところ，大腸菌の一部がプラスミドを取り込んだ。次いでアンピシリンと X-gal（遺伝子 L が機能してラクトースを分解すると青くなる物質）を含む寒天培地にまいて培養すると図3に示すような青色のコロニー（単一の大腸菌が増殖して形成した集落）と白色のコロニーの形成が観察された。なお，この実験は雑菌の混入を防いで行った。実験に用いた大腸菌は，通常の状態ではアンピシリン，カナマイシンなどの抗生物質があると死滅し，またラクトースを分解できないものとする。

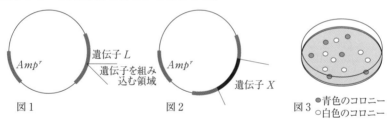

図1　　　　　　　　　図2　　　　　　　図3　●青色のコロニー
　　　　　　　　　　　　　　　　　　　　　　○白色のコロニー

問1　文中の下線部について，アンピシリンを含まない培地で行うとどうなるか。次から1つ選べ。

① 　下線部のときと変わらない。

② 　下線部のときに比べて青色，白色コロニーがともに多くなる。

③ 　下線部のときに比べて青色コロニーだけが多くなる。

④ 　下線部のときに比べて白色コロニーだけが多くなる。

⑤ 　コロニーは生じない。

問2　文中の下線部について，アンピシリンの代わりにカナマイシンを含む培地で行うと，どうなるか。問1の①〜⑤から1つ選べ。

（近畿大）

解説 　プラスミドを取り込む大腸菌は一部なので，培地にまいた大腸菌には，**プラスミドを取り込んでいるものといないもの**とがある。

　また，プラスミドの中には制限酵素が作用せず開環しなかったものや，開環しても遺伝子 X を挟み込まず，元の切断面どうしで連結してしまったものも存在する。そのため，プラスミドを取り込んだ大腸菌は，**遺伝子 X が挟み込まれていないプラスミドを取り込んだ大腸菌**と，**遺伝子 X が挟み込まれたプラスミドを取り込んだ大腸菌**とに分けられる。

 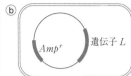 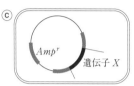

大腸菌には、次の3通りがある。
ⓐ　プラスミドを取り込まなかった大腸菌
ⓑ　遺伝子 X が挟み込まれていないプラスミドを取り込んだ大腸菌
ⓒ　遺伝子 X が挟み込まれたプラスミドを取り込んだ大腸菌

	ⓐプラスミドを取り込んでいない	ⓑプラスミドを取り込んだ（遺伝子 X をもたない）	ⓒプラスミドを取り込んだ（遺伝子 X をもつ）
アンピシリン耐性遺伝子	もたない	もつ	もつ
遺伝子 X	もたない	もたない	もつ
遺伝子 L	もたない（白色コロニー）	もつ（青色コロニー）	もたない（白色コロニー）

　ⓒの大腸菌が取り込んだプラスミドは，**遺伝子 L の内部に遺伝子 X を組み込んだため，遺伝子 L の機能は失われている**ことに注意しよう。

　アンピシリンを含む培地ではアンピシリン耐性遺伝子をもつⓑ，ⓒのみがコロニーを形成する。さらにこの培地に X-gal が存在すると，遺伝子 L をもつⓑは青色のコロニー（図3の青色コロニー）を，遺伝子 L をもたないⓒは白色のコロニー（図3の白色コロニー）を形成する。

問1　アンピシリンを含まない培地ではⓑ，ⓒだけでなく，ⓐもコロニーをつくることができる。ⓐは遺伝子 L をもたないため，形成するコロニーは白色。よって白色コロニーだけが多くなる。

問2　大腸菌はもともとカナマイシン耐性遺伝子をもたず，今回用いたプラスミドにもカナマイシン耐性遺伝子は含まれない。よって，ⓐ〜ⓒすべての大腸菌がカナマイシンにより死滅し，コロニーは1つも形成されない。

 答　**問1**　④　　**問2**　⑤

真核生物の遺伝子発現調節① ◀ 生物

　真核生物では，1つの構造遺伝子ごとに発現の調節が行われ，関連する機能をもつ遺伝子の発現は複雑に調節される。さらに，真核生物の DNA は折りたたまれて凝縮し，複雑な高次構造である染色体として核内に収納されている。染色体の基本構造は，ビーズ状で，DNA に ┌ ア ┐ というタンパク質が結合し，┌ イ ┐ と呼ばれている。┌ イ ┐ は，さらに折りたたまれて ┌ ウ ┐ 繊維と呼ばれる構造を形成する。┌ ウ ┐ 繊維は，さまざまなタンパク質と結合して高次構造をとる。転写の際，染色体の高次構造が緩み，転写に必要な種々のタンパク質が DNA に直接結合する。それに対して，染色体の高次構造が緩んでいない DNA どうしの密な部分は，転写が行われていない。

問1　文中の空欄に入る最も適切な語句を答えよ。

問2　下線部を説明した以下の文中の空欄に入る適切な語句を，下の①～⑧からそれぞれ1つずつ選べ。ただし，同じものを繰り返し選んでよい。

　真核生物の転写は，原核生物にはない ┌ エ ┐ と呼ばれるタンパク質を含む複数の因子が転写複合体を形成することで開始する。多くの遺伝子では，転写複合体の結合領域 ┌ オ ┐ 転写調節領域が ┌ カ ┐ 存在し，この部分に調節タンパク質が結合することで転写が調節される。

① オペロン　　　　　② 基本転写因子　　　③ リプレッサー
④ プロモーター　　　⑤ ひとつだけ　　　　⑥ 複数
⑦ から離れた位置にも　　⑧ に隣接した位置にのみ

（徳島大）

　問1　真核細胞の DNA は，ヒストン（タンパク質）に巻き付いてヌクレオソームを形成し，さらに折りたたまれて（凝縮して）クロマチンを形成している。細胞分裂の分裂期には，クロマチンがさらに凝縮してひも状の染色体を形成する。

　転写にはたらく RNA ポリメラーゼは，DNA が折りたたまれた状態ではプロモーターに結合できない。そのため，**転写はクロマチンがほどけている部分で起こる。**

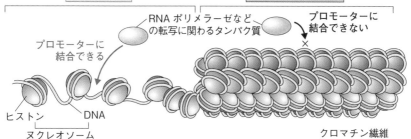

ほどけた状態 | 折りたたまれた状態

RNA ポリメラーゼなど
の転写に関わるタンパク質

プロモーターに
結合できない
×

プロモーターに
結合できる

ヒストン　DNA
ヌクレオソーム

クロマチン繊維

問2　原核細胞の RNA ポリメラーゼは，プロモーターに単独で直接結合する
ことができるが，**真核細胞では，RNA ポリメラーゼがプロモーターに結合
する際に**基本転写因子**というタンパク質複合体が必要となる。**

　真核細胞では，**1つの遺伝子には複数の**転写調節領域があり，それぞれ
に決まった種類の調節タンパク質（転写調節因子）が結合する。**転写調節領域
は，遺伝子の近くにあることも，遠く離れた場所にあることもある。**

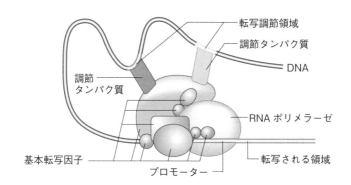

転写調節領域
調節タンパク質
DNA
調節
タンパク質
RNA ポリメラーゼ
基本転写因子
転写される領域
プロモーター

答　問1　アーヒストン　イーヌクレオソーム　ウークロマチン
　　　問2　エー②　オー⑦　カー⑥

問題 47 真核生物の遺伝子発現調節②

生物基礎 < 生物

　真核生物の転写は，染色体の形態と関連する。ユスリカ幼虫が発育する過程におけるだ腺染色体を観察した結果を下図に示した。以下の問いに答えよ。

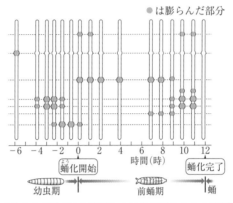

図　ユスリカ幼虫が発育する過程におけるだ腺染色体の形態変化

問1　だ腺染色体上に存在する膨らんだ部分を何と呼ぶか答えよ。

問2　この膨らんだ部分では，クロマチンの構造や遺伝子の転写がどのように変化しているか，30字以内で述べよ。

問3　膨らんだ部分において遺伝子の転写が変化しているようすは，だ腺染色体をメチルグリーン・ピロニン染色液で処理することで確認することができる。だ腺染色体をメチルグリーン・ピロニン染色液で処理した後に観察するとどのように見えるか，30字以内で述べよ。ただし，「膨らんだ部分」はXとせよ。

問4　図は，この膨らんだ部分の位置を幼虫の発育段階ごとに観察したものである。この図から，幼虫の発育段階と遺伝子の発現との関係についてわかることは何か，30字以内で述べよ。

(法政大)

解説

　問1，2　ユスリカやショウジョウバエなどの幼虫のだ腺細胞では，DNAが繰り返し複製を行い，複製したDNAが相同染色体ごとに平行に結合して1本の太い糸状構造となっている。その結果，通常の200倍ほどの大きさをもつ巨大染色体（だ腺染色体）として観察される。相同染色体が1つのだ腺染色体を形成するため，アカムシユスリカ($2n=6$)では，3本のだ腺染色体が観察される。

酢酸オルセインは DNA を赤色に染色する。だ腺染色体を酢酸オルセインで染色すると，濃い赤色に染まる多数の横じまが観察される。横じまの部分は DNA が特に凝縮している部分で，**横じまの1つ1つが遺伝子の存在する位置に対応している**。DNA において遺伝子が発現し，転写が行われている部分ではクロマチンがほどけた状態となっている。通常の細胞がもつ DNA や染色体はきわめて細く，クロマチンがほどけている部分を観察することは難しいが，巨大なだ腺染色体では，**クロマチンがほどけ，転写が活発に行われている部分を膨らみ**として顕微鏡で観察することができる。この膨らみの部分をパフという。

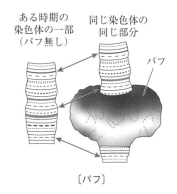

ある時期の染色体の一部（パフ無し）　同じ染色体の同じ部分

パフ

〔パフ〕

問3　メチルグリーンは DNA を青緑色に染色する。一方，ピロニンは RNA を赤桃色に染色する。染色体は DNA が凝縮したものなので，**だ腺染色体全体は青緑色に染色される**。また，パフでは転写，すなわち RNA 合成が活発に行われているため，**パフの部分は合成されつつある RNA の存在により赤桃色に染色される**。

問4　パフの位置は，発現している遺伝子が存在する位置を意味する。すなわち，発生段階ごとにパフの位置が変化していることは，染色体上のすべての遺伝子が常に転写されているのではなく，発生段階に応じて**転写される遺伝子が変化している**ことを意味する。このように，すべての遺伝子が発現するのではなく，**発生の時期や細胞の種類によって発現する遺伝子が異なること**を選択的遺伝子発現という。

答

　問1　パフ

　問2　クロマチンが緩み，遺伝子の転写が活発に起こっている。（26字）

　問3　だ腺染色体全体が青緑色に見え，Ｘは赤桃色に見える。（25字）

　問4　幼虫の発育段階によって，発現する遺伝子の種類が変化する。（28字）

第5章　生殖と発生

10. 動物の配偶子形成と受精

動物の配偶子形成

生物

問1　遺伝子型が Qq の個体が卵を形成するとき，第一極体の遺伝子型が Q の場合，生じる卵の遺伝子型として最も適当なものを次から1つ選べ。

① $Q:q=1:1$　　② $Q:q=2:1$　　③ $Q:q=3:1$
④ $Q:q=1:2$　　⑤ $Q:q=1:3$　　⑥ Q のみ　⑦ q のみ

問2　精子が形成される過程で生じる(1)一次精母細胞，(2)二次精母細胞，(3)精細胞，(4)精子の核相について，正しいものを次から1つずつ選べ。同じものを何度選んでもよい。

① $4n$　　　② $3n$　　　③ $2n$　　　④ n

問3　ヒトの精子の構造を図1に示す。**A〜C**の部分について述べた文のうち，正しいものを次からすべて選べ。

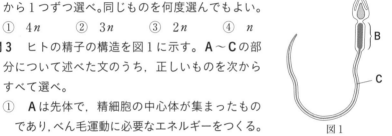

図1

① **A**は先体で，精細胞の中心体が集まったものであり，べん毛運動に必要なエネルギーをつくる。
② **A**は先体で，精細胞のゴルジ体が変化してできる。
③ **B**は中片で，ミトコンドリアが集まっており，繊毛運動に必要なエネルギーをつくる。
④ **B**は中片で，受精の際に精核と卵核の融合を促進する中心体が含まれる。
⑤ **C**はべん毛で，ミトコンドリアが変化してできる。
⑥ **C**は繊毛で，中心体から形成され，先体のミトコンドリアからエネルギーが供給される。

　問1　卵形成は下図のように進む。

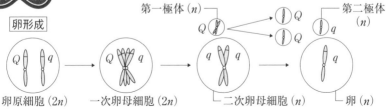

第一極体に遺伝子 Q が存在する染色体が分配されると，二次卵母細胞には遺伝子 q が存在する染色体が残るので，生じる卵は遺伝子 q のみをもつ。

問2　精子形成は下図のように進む。

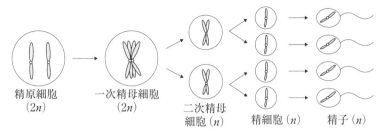

精原細胞　一次精母細胞　二次精母　精細胞 (n)　精子 (n)
$(2n)$　　$(2n)$　　細胞 (n)

問3　精細胞が精子へと変形する際には，①細胞質のほとんどを捨て小型化し，②べん毛を形成して，運動能力を獲得する。

●頭部

先体：精細胞のゴルジ体から形成される。卵膜を溶かす酵素などを含む。

核(精核)：遺伝子を卵にもち込む。単相(n)。

中心体　中片　ミトコンドリア　べん毛　核　ゴルジ体　先体　〔精子形成〕　精細胞

中心体　ミトコンドリア　べん毛　先体　核　頭部　中片　尾部　$(5\mu m)(5\mu m)$　$(50\mu m)$　ヒトの精子

●中片(部)

中心体：精核とともに卵内へ入り，卵核と精核を引き寄せ受精にはたらく。

ミトコンドリア：べん毛の基部に巻きつくように存在し，べん毛運動に必要な ATP を供給する。

●尾部

べん毛：細胞骨格である**微小管**と，それに結合したモータータンパク質(**ダイニン**)が存在する。ATP のエネルギーを用いたダイニンのはたらきで，隣接する微小管と微小管との間ですべりが生じてべん毛運動が起こる。

①，②，③　先体はゴルジ体由来。べん毛運動に必要な ATP のエネルギーは，中片のミトコンドリアで合成される。

④　中片にはミトコンドリアと，精核と卵核の融合にはたらく中心体が含まれる。

⑤，⑥　尾部には微小管からなるべん毛が含まれる。

答　**問1**　⑦　　**問2**　(1)　③　　(2)　④　　(3)　④　　(4)　④
　　問3　②，④

受　精

　　ウニの受精過程では，精子が卵の　ア　に触れると精子頭部の　イ
部分が破裂し，　ウ　と呼ばれる構造を生ずる。破裂した中身が　ア
を溶かし，　ウ　に導かれて精子が　ア　を通過して，　エ　の表面に
達し　オ　と卵細胞膜が融合する。続いて精子がさらに進入すると，卵の
表層にある表層粒が崩壊し，これから放出されたタンパク質分解酵素，多糖
類の作用と相まって卵細胞膜から　エ　が離れて硬化したのち　カ　へ
と変化する。精核は卵細胞質内に進入して膨潤し，やがて卵核と融合して受
精は完了する。

問１　文中の空欄に適する語句を次からそれぞれ１つずつ選べ。

① 精子細胞膜　　② 半透膜　　　③ 中片(中片部)　　④ 受精丘

⑤ 受精膜　　　　⑥ 尾部　　　　⑦ 卵黄膜(卵膜)　　⑧ 先体突起

⑨ 先体　　　　　⑩ 調節卵　　　⑪ ゼリー層　　　　⑫ 樹状突起

問２　下線部の現象(変化)を何というか。

問３　　カ　が形成される生物学的な意義は何か。20字以内で答えよ。

問４　カエルの卵の受精直後に観察される現象について述べた次の文中の空
　　　欄に入る語句として最も適当なものを，下の①〜⑧から１つずつ選べ。

　　精子が卵に進入すると，受精卵の表層の細胞質が約30°回転する。この
回転の方向は将来の背腹の軸に一致する。この表層面の回転の結果，精子
進入点の反対側に　キ　と呼ばれる部分が生じる。また，精子の進入後，
　ク　が放出される部分が　ケ　，その反対側が　コ　である。

① 原口　　　　② 原口背唇部　　③ 植物極　　　④ 第一極体

⑤ 精核　　　　⑥ 第二極体　　　⑦ 動物極　　　⑧ 灰色三日月環

(藤女大)

解説　**問１**　ウニ卵の構造は，外側からゼリー層，卵黄膜(卵膜)，卵細
胞膜。精子がゼリー層に達すると，先体が破れ内容物が放出さ
れて先体突起が伸長し卵細胞膜まで達すると，卵細胞膜直下にある表層粒の
内容物が卵黄膜と卵細胞膜との間に放出される(表層反応)。この内容物は卵
黄膜を硬化する酵素などを含み，これにより卵黄膜が受精膜に変化する。

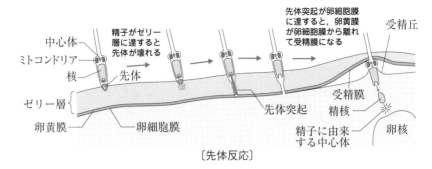

中心体

ミトコンドリア

核 — 先体

精子がゼリー層に達すると先体が壊れる

先体突起が卵細胞膜に達すると，卵黄膜が卵細胞膜から離れて受精膜になる

受精丘

ゼリー層

卵黄膜 — 卵細胞膜

先体突起

受精膜

精核

精子に由来する中心体

卵核

〔先体反応〕

問2 受精に先立って起こる**先体の破裂による内容物の放出**と，**アクチンフィラメントからなる先体突起の伸長**をあわせて先体反応という。

問3 複数の精子が卵に進入すると，胚発生は正常に進行しない。受精膜の形成は**複数の精子進入を防ぐしくみ**（多精拒否）のひとつである。

問4 精子進入が，卵の減数分裂のどの段階で起こるかは，動物の種類により異なる。カエルでは，第一極体を放出した後の二次卵母細胞（減数第二分裂の中期）の動物半球に精子が進入して，精子進入後に第二極体が動物極に放出される。カエル未受精卵は動物半球が黒いが，受精後，**動物半球の表層が精子進入点側に 30° 回転**して精子進入点のちょうど反対側に灰色三日月環という色調が変わった部分が生じる。発生が進むと，この付近に原口ができる。

 Po**i**nt 精子進入のタイミングは動物種により異なる

減数第二分裂中期（二次卵母細胞）：カエルなど多くの脊椎動物

減数分裂終了後（卵）：ウニ

 答

問1 アー⑪ イー⑨ ウー⑧ エー⑦ オー① カー⑤

問2 先体反応

問3 複数の精子進入を防ぐ。（11字）

問4 キー⑧ クー⑥ ケー⑦ コー③

（右側縦書き）第5章 生殖と発生

問題 50　卵の種類と卵割様式

　動物の発生は単一の細胞である受精卵から始まる。受精卵は連続した体細胞分裂を繰り返す。このような発生初期にみられる体細胞分裂を卵割といい，分裂後の細胞を割球と呼ぶ。卵割は成体でみられる通常の体細胞分裂に比べて，分裂速度が非常に　ア　く，割球の大きさは卵割が進むにつれて次第に　イ　くなる。ウニとカエルでは，第一卵割と第二卵割はどの割球も同じ大きさになる　ウ　である。これに対して，第三卵割のようすはウニとカエルで異なっており，ウニでは　ウ　であるが，カエルでは　エ　となる。これはウニ卵では卵黄が均一に分布する　オ　卵であるのに対して，カエル卵では卵黄の分布が植物極側に片寄っている　カ　卵であるためである。

問1　文中の空欄に適切な語句を入れよ。

問2　卵黄は卵割に対してどのようにはたらくか。次から1つ選べ。
　　①　卵割を促進する　　　　②　卵割を妨げる
　　③　核分裂を促進する　　　④　細胞板形成を妨げる

問3　(1)動物極と植物極を含む面で起こる卵割と，(2)これとは直交する面で起こる卵割をそれぞれ何と呼ぶか。

（関西学院大）

　問1，2　受精後の体細胞分裂は次の Point のような特徴をもち，特に卵割と呼ばれる。

Po*int　卵割の特徴
①　分裂速度が大きい。
②　割球が徐々に小さくなる。
③　同調的に分裂する。

　卵割は，通常の体細胞分裂と比べて**細胞周期が短い**。これは，G_1 期と G_2 期がないので間期が短いためである。また，通常の体細胞分裂では娘細胞（割球）が大きく成長してから次の分裂が起こるが，卵割では割球の成長を伴わないので**割球は卵割の進行につれて小さくなる**。初期の卵割では割球がほぼ同時に分裂するため，割球の数は 2^n 個となり，それぞれ2細胞期，4細胞期，16細胞期などと呼ばれる。

卵黄は，動物の卵の細胞質に蓄えられている，胚発生のエネルギー源となる貯蔵物質である。**卵黄は卵割を妨げるので，卵黄の量と分布**によって卵割様式が決定する。

　ウニは少量の卵黄が卵全体に分布する等黄卵なので，第三卵割までは同じ大きさの割球が生じる等割が起こる。

　カエルはウニよりも多量の卵黄が植物極側に片寄って分布する端黄卵なので，第二卵割までは等割だが，第三卵割では動物極側に寄った面で不等割が起こり，**動物極側には小割球，植物極側には大割球**が生じる。

問3　ウニでもカエルでも，第一卵割と第二卵割は動物極と植物極を通る面で起こる経割，第三卵割ではそれに直交した面で起こる緯割となる。

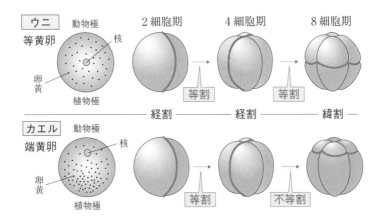

第5章　生殖と発生

答

問1　ア－大き（速）　イ－小さ　ウ－等割　エ－不等割　オ－等黄
　　　　カ－端黄

問2　②

問3　(1)　経割　　(2)　緯割

11. 発生のしくみ

ウニの発生

生物

問 1 ウニの幼生が誕生するまでの発生過程でみられる A ～ G の現象について，以下の問いに答えよ。

A．口の形成が始まる。

B．後に肛門となる構造の形成が始まる。

C．筋肉をつくる細胞が胞胚腔に遊離する。

D．骨片をつくる細胞が胞胚腔に遊離する。

E．骨格が発達し，腕ができる。

F．細胞に繊毛が生じる。

G．胚が受精膜を溶かして泳ぎ出る。

(1) A ～ G の現象が起こる順序を正しく並べよ。

(2) B，E，および G の現象が起こる時期を，次からそれぞれ 1 つずつ選べ。

① 桑実胚期 ② 胞胚期 ③ 原腸胚期 ④ 神経胚期

⑤ プリズム幼生期（プリズム期） ⑥ プルテウス幼生期

問 2 ウニ胚の 4 回目の卵割は不等割で，動物極から植物極に向けて大きさの異なる 3 種類の割球が生じる。動物極からの並び順を次から 1 つ選べ。

① 大→中→小 ② 小→中→大

③ 中→大→小 ④ 小→大→中

問 3 ウニの中割球のみを分離して発生を続けさせると胞胚で発生が止まり，小割球は骨片をつくった。最も適当な記述を次から 1 つ選べ。

① 中割球は外胚葉となり，小割球は内胚葉となる。

② 中割球は内胚葉となり，小割球は外胚葉となる。

③ 中割球は外胚葉となり，小割球は中胚葉となる。

④ 中割球は中胚葉となり，小割球は内胚葉となる。

⑤ 中割球は内胚葉となり，小割球は中胚葉となる。

（北里大・順天堂大）

解説

問 1，2 16 細胞期には割球に大きさの違いが生じ，動物半球の中割球 8 個，植物半球側の大割球 4 個，植物極付近の 4 個の小割球からなる。よって問 2 は③が正解。

動物半球は経割

中割球（8個）

大割球（4個）

植物半球は植物極寄りの面で緯割

小割球（4個）

胞胚期には胞胚腔が発達し，割球に繊毛が生え（**F**），胚が分泌する酵素により受精膜が破れてふ化する（**G**）。植物極付近からは**一次間充織**（後に骨片に分化）が胞胚腔へ遊離する（**D**）。

　原腸胚期には外・中・内の三胚葉が分化し，植物極付近から原腸陥入が始まる（**B**）。陥入した原腸の先から，**二次間充織**（後に筋肉に分化）が胞胚腔へ遊離する（**C**）。

　プリズム幼生期には原腸が消化管に分化し，口の形成が始まる（**A**）。原口は**肛門**になる。

　プルテウス幼生期にはプランクトンなどを餌として摂食し始め，内部に骨格が生じる（**E**）。この後形態が大きく変化する変態を経て，成体ウニとなる。

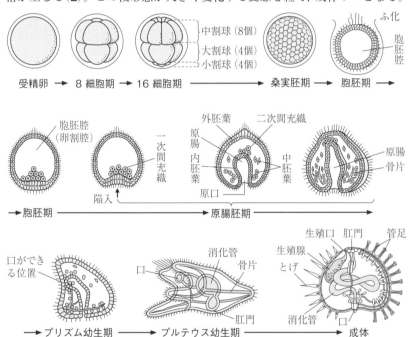

問 3　中割球のみを分離した場合には胞胚で発生が止まり，原腸陥入が起こらない。**内胚葉や中胚葉は陥入した原腸から生じるので，中割球を単独培養すると外胚葉だけが分化すると**考えられる。また，小割球から生じた**骨片は中胚葉由来**の構造である。

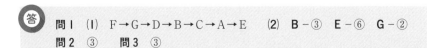

答　**問Ⅰ**　（1）　F→G→D→B→C→A→E　　（2）　B－③　E－⑥　G－②
　　　問2　③　　　**問3**　③

問題 52　両生類の発生

問1　発生についての以下の記述の中で，ウニとカエルの両方にあてはまるものをすべて選べ。

① 第三卵割が不等割である

② 胞胚は1層の細胞からなる

③ 胞胚腔が動物極側に片寄っている

④ 原口が肛門になる

⑤ 原腸の陥入が完了してから，ふ化が起こる

問2　図1に示すように，イモリの胞胚に局所生体染色を行った。尾芽胚になったときに固定し，胚を頭部から尾部にかけて二等分するように切断してから断面を観察したところ，図2のような結果が得られた。このとき，図1のa～fの位置の色素はすべて図2のア～カの位置の色素として同定できた。この結果について，図2のア～カを選択肢として(1), (2)に答えよ。

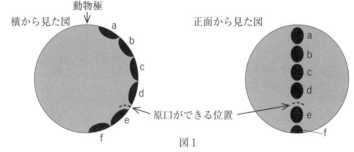

図1

(1) 図1のa，c，eの位置の色素は図2のア～カのどの位置に移動したか，それぞれ最も適切な位置を答えよ。

(2) ア～カの位置の色素の中で，原口を通らなかったものをすべて答えよ。

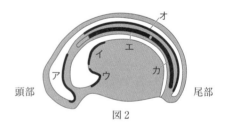

図2

(北里大)

問1　①　カエルは**不等割**だが，ウニは**等割**なので誤り。

　　②　ウニの胞胚は**1層**の細胞層で囲まれるが，カエルは**多層**なので誤り。

③　カエルの胞胚腔は**動物極側に片寄る**が，ウニは**胚内部全体に広がる**ので誤り。

④　ウニもカエルも，ともに**原口が肛門**になるので正しい。

⑤　カエルは原腸陥入後の**尾芽胚期にふ化**するが，ウニは原腸陥入前の**胞胚期にふ化**するので誤り。

問2　原腸胚期には，原腸陥入に伴って細胞が移動する。中胚葉（c，d：予定脊索域）および内胚葉域（e，f）の細胞は原口から陥入して，原腸胚後期には外胚葉域（a，b：予定神経域）のみが胚の表面に位置する。

　　神経胚期には，原腸表面に位置していた予定脊索域が内部に入り込んで脊索を形成する。胚表面に位置していた予定神経域からは，神経板→神経溝を経て神経管が形成される。

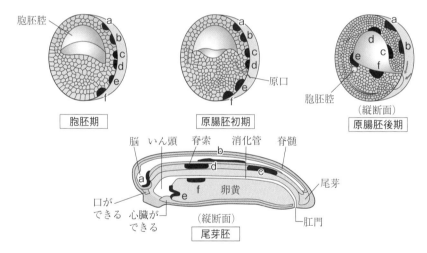

よって，a→ア，b→オ，c→カ，d→エ，e→ウ，f→イに対応する。原口を通らなかったのは，外胚葉域にあったアとオである。

答　問1　④　　問2　(1)　a−ア　c−カ　e−ウ　　(2)　ア，オ

問題 53　原基分布図

　フォークトはイモリの胞胚を(a)ある条件を満たした色素で部分的に染める方法を考案し，胞胚のどの部分が将来どのような組織になるかを調べた。その結果，将来なるべき組織の領域が図1に示す配置をなして胞胚期にすでに存在していることがわかった。

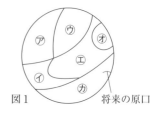

図1　　　　　　　将来の原口

　ところが，ドイツのシュペーマンは2つのイモリの胚の間で，(b)将来，神経になる部分（予定神経域）と表皮になる部分（予定表皮域）の一部を切り取り，それらを移植片として，交換移植の実験を初期原腸胚と初期神経胚で行った。その結果，「図1に示す配置」は決して不変なものではないことが明らかになった。

問1　下線部(a)の色素が満たすべき条件を，次からすべて選べ。

① 細胞を固定する　　② 細胞の発生に影響を与えない

③ イモリ以外の生物から得られた色素である

④ 人工的に合成された色素である

⑤ 拡散しやすい　　⑥ 拡散しにくい

問2　次の(1)～(5)の組織あるいは器官は，図1に示す配置のどの部分から形成されるか。図1の⑦～⑰からそれぞれ1つずつ選べ。

(1) 網膜　　(2) 角膜　　(3) 骨格筋　　(4) 平滑筋　　(5) 肺

問3　下線部(b)について，(1)初期原腸胚と(2)初期神経胚における交換移植の実験で，移植された予定神経片と予定表皮片は最終的にどのような組織となったか。最も適当なものを，次からそれぞれ1つずつ選べ。

① 予定神経片は表皮組織になり，予定表皮片は神経組織になった。

② 予定神経片は表皮組織になり，予定表皮片は神経と表皮が混ざった組織になった。

③ 予定神経片は神経組織になり，予定表皮片は表皮組織になった。

④ 予定神経片は神経組織になり，予定表皮片は神経と表皮が混ざった組織になった。

⑤ 予定神経片は神経と表皮が混ざった組織になり，予定表皮片は神経組織になった。

（大阪医大）

解説 **問I** 局所生体染色法は，胚の一部分のみ（局所）を，細胞を固定しないで染色（生体染色）して正常発生させ，胚の各部分がどの器官に分化するかを追跡する方法。よって，細胞を固定してしまうなど，**正常発生に影響を与えてはいけない**（①は誤り，②は正しい）。また，胚の特定の部分のみを染色するために，色素は**拡散しにくい性質**をもつ必要がある（⑤は誤り，⑥は正しい）。胚発生に影響を与えず拡散しにくい色素であれば，色素の種類は問わないので③，④は誤り。

問2 図1のような，胚の各部域が将来どのような器官を形成するかを示す図を原基分布図という。イモリの胞胚の原基分布図は右図の通り。

尾芽胚になると，㋐は表皮，㋑は側板と腎節，㋒は神経管，㋓は体節，㋔は脊索，㋕は原腸壁となる。それぞれから分化する主な組織あるいは器官は下図のようになる。

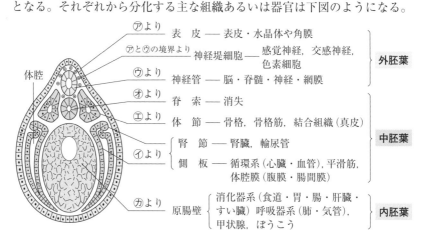

問3 外胚葉域の発生運命は**初期原腸胚では未決定**だが，原腸胚期の間に徐々に決定していき，**初期神経胚ではすでに決定**した状態となる。よって，**初期原腸胚で交換移植を行うと移植片は移植先の予定運命に従い**，予定神経片は予定運命を変更して表皮組織に，予定表皮片も予定運命を変更して神経組織に分化する。**初期神経胚で交換移植を行うと，移植片は自身の予定運命に従って**，予定神経片は予定運命通り神経組織に，予定表皮片も予定運命通り表皮組織に分化する。

答

問題 54 誘 導

問1 次の文中の{ }の中から，それぞれ正しいものを1つずつ選べ。

イモリやカエルの{ア. ①極体放出部位，②灰色三日月環}は，発生に重要なはたらきをもち，その付近は，原腸胚の{イ. ①原口背唇部，②動物極}になっていく。{ウ. ①シュペーマン，②フォークト}らは，色の違う2種類のイモリ胚を使って，片方のイモリの初期原腸胚の{イ}を切り出し，もう一方の同時期の胚の{エ. ①原腸，②胞胚腔}に移植したところ，移植した場所に新たにもう1つの胚（二次胚）がつくられた。二次胚をよく調べてみると，神経管をはじめとするほとんどの組織や器官が{オ. ①移植片，②宿主胚}から由来していた。このことから，{イ}は，周囲の外胚葉に影響を与えて神経管を，また，{カ. ①中胚葉，②内胚葉}に影響を及ぼして腸管などを形成したと考えた。発生過程で，{イ}のように形態形成を導く能力をもつ組織を{キ. ①形成体，②動原体}といい，{キ}によって，まわりの組織が分化して器官がつくられていく現象を{ク. ①誘導，②調節}という。

問2 下図1は，眼の発生過程の概略を示したものである。下の文中の空欄 ケ ～ セ に適する語句を入れよ。ただし，文中および図1の ケ ～ ス には，それぞれ同じ用語が使われる。

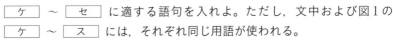

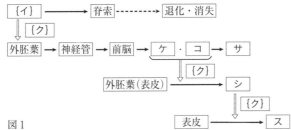

図1

まず{イ}が第一次{キ}として，外胚葉に影響を与えて神経管がつくられ，次いで神経管の前方に前脳がつくられる。前脳の左右の膨らみがやがて ケ になり， ケ は コ になり， コ は，自らが サ に分化すると同時に第二次{キ}としてはたらいて外胚葉から シ ができてくる。次に シ は，第三次{キ}として表皮にはたらきかけて ス に分化させる。このように，眼の発生過程では，{ク}が連続して起きており，{ク}の セ と呼ばれている。

（神戸学院大）

114

問 1 カエルやイモリでは，精子進入点の 180° 反対側に灰色三日月環が生じる。原腸胚期にはこの部分の植物極寄りに原口が生じ，灰色三日月環は原口背唇部になる。原口背唇部は脊索や体節の一部に分化すると同時に，接する外胚葉の神経への分化を誘導する形成体としてのはたらきをもつ。

シュペーマンは，初期原腸胚の原口背唇部を切り取り，他の胚の胞胚腔へ移植して，宿主胚の一部に二次胚が形成される

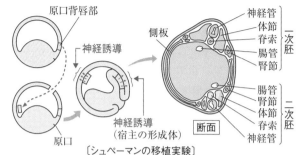

〔シュペーマンの移植実験〕

ことを確認した。二次胚では移植片は脊索や体節の一部に分化していた。一方，移植片に接していた宿主胚の予定表皮域からは神経が，内胚葉域からは腸管が分化していた。これらは移植片による誘導の結果，生じたものである。

問 2 眼の形成過程では，誘導の連鎖がみられる。

脳胞の一部が膨らんだ眼胞は杯状の眼杯となり，接する表皮の水晶体への分化を誘導する**形成体としてはたらく**。その結果生じた水晶体は，接する表皮の角膜への分化を誘導する形成体としてはたらく。

なお，網膜は眼杯の一部から分化するので，水晶体や角膜と異なり，表皮由来ではなく**神経管由来**の構造である。

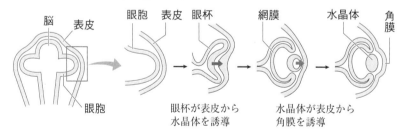

 問 1 ア－② イ－① ウ－① エ－② オ－② カ－② キ－①
ク－①
問 2 ケ－眼胞 コ－眼杯 サ－網膜 シ－水晶体 ス－角膜
セ－連鎖

問題 55 形態形成と遺伝子（ハエ）

　ショウジョウバエでは，からだの前後軸の決定に関わる(a)調節遺伝子がいくつか知られている。そのうち(b)ビコイドという調節遺伝子から転写されたmRNA は，未受精卵の前端部（前極）に局在し，受精後，ビコイドタンパク質に翻訳される。このタンパク質はやがて前極で最も多く，後極で最も少ないという勾配を示すようになる。別のナノスという調節遺伝子から転写されたmRNA も受精後に翻訳され，前極で最も少なく，後極で最も多いという勾配を示すようになる。このように前後軸が決定された後，(c)からだの分節化が始まり，やがて，体節が形成される。各体節では，それぞれの器官形成を調節する調節遺伝子がはたらいて，それぞれの体節に(d)特有な構造を形成する。

問 1　下線部(a)からつくられたタンパク質の性質として，最も適切なものを次から１つ選べ。

① リボソームと結合する　　② tRNA と結合する
③ 同種タンパク質と結合する　　④ 異種のタンパク質と結合する
⑤ DNA と結合する

問 2　下線部(b)が行われた細胞として，最も適切なものを次から１つ選べ。

① 始原生殖細胞　　② 母親の体細胞
③ 父親の体細胞　　④ 精子

問 3　下線部(c)が始まって最初に頭部・胸部・腹部・尾部の区分が形成される。母体のビコイド遺伝子が変化していて，そのmRNA がない卵が受精した場合，発生する異常胚として最も適切なものを次から１つ選べ。

① 頭部と胸部を欠く胚　　② 頭部と腹部を欠く胚
③ 胸部と尾部を欠く胚　　④ 腹部と尾部を欠く胚
⑤ 区分が全く形成されていない胚

問 4　変化する（突然変異を起こす）と下線部(d)を別の体節に特徴的な構造に変える調節遺伝子として，最も適切なものを次から１つ選べ。

① ハウスキーピング遺伝子　　② ホメオティック遺伝子
③ 構造遺伝子　　④ 分節遺伝子

（近畿大）

　問 1　**問題43**の **Point** を確認しよう。調節遺伝子の産物である調節タンパク質は，**DNA の転写調節領域**に**結合**し，別の遺伝

子の転写を促進したり抑制したりする。よって⑤が正解。

問2　ショウジョウバエの未受精卵には，母体の体細胞が接している。母体の体細胞はビコイド遺伝子とナノス遺伝子を転写し，その mRNA を卵母細胞へ送り込む。卵母細胞に入った**mRNA は，微小管とモータータンパク質により輸送されて，ビコイド mRNA は前端，ナノス mRNA は後端に片寄って蓄えられる。**そのため，受精後に mRNA が翻訳されると，受精卵の中でビコイドタンパク質とナノスタンパク質の濃度勾配ができる。

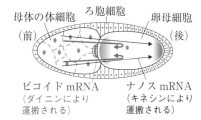

母体の体細胞　ろ胞細胞　　　卵母細胞
（前）　　　　　　　　　　　　　（後）

ビコイド mRNA　　　　　ナノス mRNA
（ダイニンにより　　　　　（キネシンにより
運搬される）　　　　　　運搬される）

　　ビコイドタンパク質は胚の前方の構造形成，ナノスタンパク質は後方の構造形成にはたらく調節タンパク質なので，結果的にビコイドタンパク質を多く含む細胞群が胚の前方に，ナノスタンパク質を多く含む細胞群が胚の後方に分化する。ビコイド遺伝子やナノス遺伝子のように，卵形成の過程でその mRNA やタンパク質が卵に蓄えられ，それらが受精後にはたらく遺伝子を母性効果遺伝子という。

問3　ビコイド遺伝子は胚の前方（頭側）の構造形成に関わるので，ビコイド mRNA が存在しない卵からは**頭側の構造を欠損した異常胚**が生じると考えられる。実際にビコイド遺伝子が欠損している母から生じた卵が受精すると，前方から尾部・腹部・尾部という 3 つの区分からなる胚が生じる。

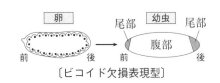

〔ビコイド欠損表現型〕

問4　ある部位特有の構造決定に関わっていて，機能しなくなると「その部位特有の構造」が生じなくなったり，他の部位の構造が生じるホメオティック突然変異を起こす調節遺伝子を，ホメオティック遺伝子という。

①　どの細胞でも常に発現し，細胞の生命活動に必須の機能を担う遺伝子の総称。

③　タンパク質のアミノ酸配列を決定する遺伝子。

④　胚の前後軸にそった体節形成にはたらく遺伝子群。ショウジョウバエでは，ギャップ遺伝子群，ペアルール遺伝子群，セグメントポラリティ遺伝子群の 3 種類に分類される。

答　**問1**　⑤　　**問2**　②　　**問3**　①　　**問4**　②

細胞の分化能

生物基礎 ＜ 生物

1966年にイギリスのガードン博士は，アフリカツメガエルの褐色個体の未受精卵に紫外線を照射して核のはたらきを失わせ，この未受精卵に褐色色素をもたない白色個体のオタマジャクシの小腸細胞から取った核を移植した。その結果，(a)この移植細胞から生じたすべてのカエルが，核を提供したカエルと同じ白色の個体になることを示した。

1996年にイギリスのウィルムット博士らは，6歳の雌ヒツジの乳腺細胞の核を，核を除いた別のヒツジの未受精卵に移植し，これを生みの親となるヒツジの子宮に移して誕生させた。(b)ドリーと名付けられた，生まれた子ヒツジの体細胞の核は，乳腺細胞を提供したヒツジと同じ DNA をもっていることが示された。

2007年に京都大学の山中伸弥教授らは，ヒトの皮膚の細胞に特定の4つの遺伝子を導入し，培養することによって，さまざまな組織や臓器の細胞に分化する能力とほぼ無限に増殖する能力をもつ多能性幹細胞の作製に成功した。この細胞は，　　　　　と呼ばれている。

問1　文中の空欄に入る語を答えよ。

問2　下線部(a)および(b)に示された，ガードン博士やウィルムット博士らが行った実験結果から示唆される事実として，正しいものを次から1つ選べ。

① 細胞核のもつ遺伝情報は，細胞分化によって大幅に変わることはない。

② すべての未受精卵は，細胞質基質に何らかの遺伝情報をもっている。

③ すべての体細胞は，細胞質基質に何らかの遺伝情報をもっている。

④ 未受精卵の核は，正常な発生にとって十分な遺伝情報をもっているわけではない。

問3　下線部(b)のように，ドリーの体細胞の核は乳腺細胞を提供したヒツジと同じ DNA の塩基配列をもっていることが示されたが，「体細胞のある部位」を調べてみると「乳腺細胞を提供したヒツジとは異なるヒツジ」の DNA の塩基配列が見出された。「体細胞のある部位」と「乳腺細胞を提供したヒツジとは異なるヒツジ」の正しい組合せを次から1つ選べ。

	体細胞のある部位	乳腺細胞を提供したヒツジとは異なるヒツジ
①	細胞質基質	生みの親のヒツジ
②	細胞質基質	未受精卵を提供したヒツジ
③	ミトコンドリア	生みの親のヒツジ
④	ミトコンドリア	未受精卵を提供したヒツジ

問 4 ガードン博士やウィルムット博士らが行った実験が意味することとして，分化の全能性について共通していえることを次から1つ選べ。

① すでに分化した細胞の核でも，移植した細胞に全能性をもたせられる
② 分化する途中の細胞核ならば，移植した細胞に全能性をもたせられる
③ 核の除去によって，特定の遺伝子が失われるために全能性をもてる
④ 細胞の分化の過程では，特定の遺伝子が核から失われるために全能性がなくなる

(防衛医大)

解説 　受精卵は，**増殖して体を構成するすべての種類の細胞に分化する能力**（全能性）をもつ。核をもたない赤血球や，遺伝子再編成を行って遺伝子の一部を失っているリンパ球などの一部の特殊な細胞を除いて，体細胞は受精卵と同じ全遺伝子を保持している。しかし，発生が進むにつれて全能性の維持に関わる遺伝子が制御を受けることなどにより，遺伝子の読み出しが難しくなっていく。

問 I 　**自己複製能と，別の種類の細胞へ分化する能力**（多分化能）**をあわせもつ細胞を幹細胞といい**，哺乳類の胚盤胞に含まれる胚性幹細胞や，成体内に存在する組織幹細胞（造血幹細胞など）などがある。また，多分化能をもたない**体細胞に，いくつかの遺伝子を導入することによって多分化能を回復させた細胞を** iPS 細胞（人工多能性幹細胞）という。

Poĭnt 　細胞の分化能

全能性：生体を構成するすべての種類の細胞へ分化し，個体を形成できる能力。
多分化能：複数種類の細胞へ分化できる能力。

問 2，4 　ガードンの実験は分化した小腸細胞の核に，ウィルムットの実験は分化した乳腺細胞の核に，それぞれ全能性があることを明らかにした。
問 3 　真核細胞では，DNA は核内だけでなくミトコンドリアと葉緑体の内部にも存在する。ドリーの核内 DNA は乳腺細胞の核を提供したヒツジに由来するが，ミトコンドリア DNA は除核未受精卵を提供したヒツジに由来する。

　問 I 　iPS 細胞（人工多能性幹細胞）　　**問 2** 　①
　　問 3 　④　　**問 4** 　①

第6章　遺　　伝

12. 遺　　伝

一遺伝子雑種と自家受精　　　　　　　　　　　　　　　　　　　　　　生物

　メンデルはエンドウを交配して，親の形質がどのように子へ伝わるのかについて調べた。彼は，エンドウが1つの花の中で受粉して受精する性質に注目し，子孫の形質が常に同じとなる純系を選んで実験を行った。対立する形質をもつ純系の親どうしを交配して生じた子(雑種第一代：F_1)には，対立する形質の一方だけが現れた。F_1 に現れた形質を顕性形質，現れない形質を潜性形質と呼ぶ。この現象は，形質を現すもとになる要素，すなわち遺伝子が，生殖細胞である　ア　によって親から子に伝えられることによる。体細胞には，対立形質を決定する対になった遺伝子がある。この　イ　遺伝子のうち　ウ　つの遺伝子が　ア　に入る。

　エンドウの子葉を黄色あるいは緑色にする　イ　遺伝子があり，黄色が顕性，緑色が潜性形質として現れる。それぞれの形質を　エ　といい，体細胞の遺伝子構成を遺伝子型という。たとえば，子葉を黄色にする顕性遺伝子を H，緑色にする潜性遺伝子を h とすると，HH，Hh，hh といった遺伝子構成の遺伝子型がある。子葉の色について，遺伝子型 HH の顕性　オ　と遺伝子型 hh の潜性　オ　を交配した場合，得られる(a)F_1の遺伝子型はすべて　カ　となり，子葉の色は　キ　となる。

　一方，遺伝子型 hh の潜性　オ　と交配し，得られる F_1 の形質の分離比を調べることによって，親の遺伝子型を判断することができる。たとえば，(b)子葉が黄色のある個体(X)の遺伝子型を知りたいとき，子葉が緑色の個体と交配し，得られる F_1 の子葉の色を調べることで，遺伝子型を知ることができる。この方法を　ク　という。

問1　文中の空欄に適当な語句，数字，あるいは記号を入れよ。

問2　下線部(a)について，この F_1 どうしを交配して得られる F_2 の遺伝子型の分離比を答えよ。また，F_2 の子葉が黄色の個体と緑色の個体の分離比を答えよ。

問3　下線部(b)について，得られる F_1 を調べた結果，子葉が黄色の個体と緑色の個体の分離比は1：1であった。Xの遺伝子型を答えよ。

（工学院大）

問1 体細胞は$2n$なので**遺伝子を2つずつもち**，配偶子はnなので**遺伝子を1つずつもっている**。

Point *HH, hh, Hh* の個体から生じる配偶子

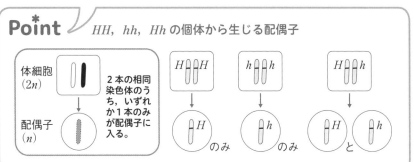

体細胞（$2n$）→配偶子（n）　2本の相同染色体のうち，いずれか1本のみが配偶子に入る。

HH個体から生じる配偶子はHのみ，hh個体から生じる配偶子はhのみ。子は配偶子が合体して得られるので，HHとhhを交雑して得られる子の遺伝子型はHh，顕性遺伝子Hをもつので表現型は黄色となる。

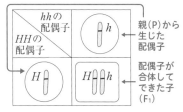

親（P）から生じた配偶子　配偶子が合体してできた子（F₁）

問2 **Point**より，$F_1(Hh)$から生じる配偶子は$H：h＝1：1$。F_2は右表の通り。
遺伝子型は，$HH：Hh：hh＝1：2：1$
表現型は，黄色：緑色＝3：1 となる。

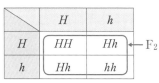

問3 黄色個体（X）の遺伝子型はHHとHhの2通り。Xを検定交雑して，
① F_1が黄色のみ→Xの配偶子の遺伝子型はHのみ→Xの遺伝子型はHH。
② F_1は黄色と緑色とが1：1→Xの配偶子は遺伝子型Hとhが1：1
　　　　　　　　　　　→Xの遺伝子型はHh。

Point 検定交雑

ある個体（X）と**潜性ホモ接合体**との交雑。検定交雑で得られる**子の表現型とその分離比**は，Xから生じた**配偶子の遺伝子型とその分離比**に一致。

答 **問1** ア－配偶子　イ－対立　ウ－1　エ－表現型
オ－ホモ（ホモ接合体）　カ－Hh　キ－黄色　ク－検定交雑
問2 $HH：Hh：hh＝1：2：1$　　黄色：緑色＝3：1
問3 Hh

問題 58

ABO 式血液型の遺伝

生物

ヒトの ABO 式血液型の遺伝に関する次の問いに答えよ。

問1 ヒトの ABO 式血液型は，常染色体上のある遺伝子座が決定している。この遺伝子座を占めうる対立遺伝子には，A, B, O の 3 つがあり，A と B との間に顕性・潜性の関係はなく，A と B は両方とも O に対して顕性である。このとき，血液型がA型，B型，O型，AB型となる遺伝子型を次からそれぞれの血液型についてすべて選べ。

① AA　　② AO　　③ BB　　④ BO　　⑤ OO　　⑥ AB

問2 図1の〔 ア 〕〜〔 ウ 〕の血液型（表現型）と遺伝子型をそれぞれ答えよ。

問3 図1の〔 エ 〕の人が AB 型の人と結婚して生まれる子の血液型の可能性の百分率として最も適当なものを，次から1つ選べ。

① A 型 25％，B 型 25％，AB 型 25％，O 型 25％
② A 型 25％，B 型 25％，AB 型 50％
③ A 型 25％，B 型 50％，AB 型 25％
④ A 型 50％，AB 型 50％

問4 4人兄弟が4人とも異なる血液型をもつ可能性のある両親の血液型と，その遺伝子型をそれぞれ答えよ。

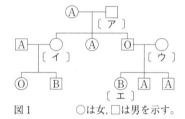

図1　　○は女，□は男を示す。

（酪農学園大・東京医療保健大）

問1　ABO 式血液型を決定する遺伝子のように，対立遺伝子が3つ以上あるものを**複対立遺伝子**という。ABO 式血液型の顕性・潜性の関係は，

① 遺伝子 O は遺伝子 A と B に対して潜性
② 遺伝子 A と B の間には顕性・潜性の関係がない

よって，表現型と遺伝子型の関係は次のようになる。

$\left.\begin{matrix}A\\B\\O\end{matrix}\right\}$ ■ ■ $\left\{\begin{matrix}A\\B\\O\end{matrix}\right.$

〔ABO 式血液型〕

顕性・潜性の関係がない

$A = B > O$

複対立遺伝子

表現型	A 型	B 型	AB 型	O 型
遺伝子型	AA, AO	BB, BO	AB	OO

問2　右図の 6 (OO) は O を子に
渡すので，10は BO，11は AO，
12は AO。10，11，12がもつ A，
B は 7 から伝わったものなの
で，7 は AB。

　8 (OO) の両親は少なくとも
1 つずつ O をもつので 3 は
AO。よって 9 の B は 4 から伝
わったとわかるので 4 は BO。

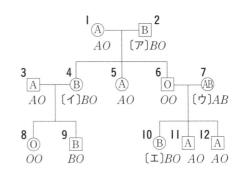

　6 (OO) の両親は少なくとも 1 つずつ O をもつので 1 は AO。4 (BO) の B
は 2 から伝わったとわかるので 2 は BO。1 AO × 2 BO より，生まれる A
型は AO のみなので 5 は AO とわかる。

問3　〔　エ　〕の遺伝子型は BO，AB 型の遺伝子型は AB なので，下表の通り。
遺伝子型の分離比は，

　$AO : BB : BO : AB = 1 : 1 : 1 : 1$

表現型の分離比は，

　A 型 : B 型 : AB 型 = 25% : 50% : 25%

	A	B
B	AB	BB
O	AO	BO

問4　O 型 (OO) が生まれるためには両親はと
もに 1 つは O をもち，AB 型が生まれるため
には，両親の一方が A を，他方が B をもつ
必要がある。この両方の条件を満たす両親は
A 型 (AO) と B 型 (BO)。

	A	O
B	AB	BO
O	AO	OO

問1	A 型 − ①，② 　B 型 − ③，④ 　O 型 − ⑤ 　AB 型 − ⑥
問2	ア − B 型，BO 　イ − B 型，BO 　ウ − AB 型，AB
問3	③
問4	血液型 − A 型と B 型 　遺伝子型 − AO と BO

13. 遺伝子と染色体

連鎖と独立

　2つの遺伝子 A と B が異なる染色体にあれば，配偶子形成の際にそれぞれの遺伝子は互いに関係なく行動する。このような現象を　ア　という。このとき，遺伝子型が $AaBb$ である F_1 の配偶子の遺伝子型は $AB : Ab : aB : ab =$ ①，F_2 の表現型は〔AB〕:〔Ab〕:〔aB〕:〔ab〕= ② となる。

　一方，同一の染色体に複数の遺伝子があれば，配偶子形成の際にそれらの遺伝子は一緒に行動することになる。このような現象を　イ　という。

　同じ染色体にある遺伝子が必ず一緒に組になって遺伝する場合，これを　ウ　といい，遺伝子 C と D，c と d がそれぞれ　ウ　している場合は，遺伝子型が $CcDd$ である F_1 の配偶子の遺伝子型は $CD : Cd : cD : cd =$ ③，F_2 の表現型は〔CD〕:〔Cd〕:〔cD〕:〔cd〕= ④ となる。

　遺伝子が同じ染色体にあっても，親と異なる遺伝子の組合せの染色体が次世代に現れる場合，これを　エ　という。これは，配偶子形成の減数分裂第一分裂の　オ　期に，少数の細胞において，対をなす　カ　染色体の間で部分的な交換が起こったことによる。これを　キ　といい，着目している2つの遺伝子が染色体間で入れ換わることを　ク　という。これにより，両親にはなかった新しい組合せの遺伝子をもつ子孫ができる。　ク　価が20％であるとき，$EEFF$ と $eeff$ を親にもつ F_1 がつくる配偶子の遺伝子型は $EF : Ef : eF : ef =$ ⑤，F_2 の表現型は〔EF〕:〔Ef〕:〔eF〕:〔ef〕= ⑥ となる。

問1　文中の空欄　ア　～　ク　に入る最も適当な語句を答えよ。

問2　文中の空欄　①　～　⑥　に入る数比を答えよ。

（信州大）

解　説　異なる染色体に存在する2対の対立遺伝子は，互いに独立に行動する。そのため，$AaBb$ がつくる配偶子は，

$$AB : Ab : aB : ab = {}_①1 : 1 : 1 : 1$$

配偶子が合体して生じる F_2 は，

$$〔AB〕:〔Ab〕:〔aB〕:〔ab〕= {}_②9 : 3 : 3 : 1$$

となる。

	AB	Ab	aB	ab
AB	〔AB〕	〔AB〕	〔AB〕	〔AB〕
Ab	〔AB〕	〔Ab〕	〔AB〕	〔Ab〕
aB	〔AB〕	〔AB〕	〔aB〕	〔aB〕
ab	〔AB〕	〔Ab〕	〔aB〕	〔ab〕

一方，複数の遺伝子が同じ染色体に存在して，一緒に遺伝する現象を_イ連鎖

という。**連鎖している遺伝子が必ず一緒に行動して，その組合せが常に変わらない場合，これらの遺伝子は**_ウ**完全連鎖**の関係にあるという。そのため，$CcDd$（C と D，c と d がそれぞれ完全連鎖）である F_1 がつくる配偶子は，

　　　$CD : cd =$ ③$1 : 1$

配偶子が合体して生じる F_2 は，

　　　〔CD〕：〔cd〕＝④$3 : 1$

となる。

	CD	cd
CD	〔CD〕	〔CD〕
cd	〔CD〕	〔cd〕

　　連鎖している遺伝子の組合せが変わることがある場合，これらの遺伝子は_エ**不完全連鎖**の関係にあるという。これは配偶子形成の減数第一分裂_オ前期に，**対合している**_カ**相同染色体の一部で**_キ**乗換え（交さ）**が起こり，その結果，**遺伝子の**_ク**組換え（組合せの変化）**が起こるためである。

　そのため，$EeFf$（E と F，e と f がそれぞれ不完全連鎖）である F_1 がつくる配偶子からは，もともと連鎖している EF と ef の他に，組換えが起こるために Ef と eF という配偶子が生じる。**組換え価とは，全配偶子のうち組換えで生じた配偶子の割合（%）である。**

　組換え価が 20% のとき，F_1 がつくる配偶子は下図のようになる。

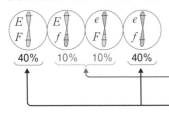

「組換え価 20%」は，組換えで生じた
Ef と eF の合計が 20% であることを意味する。

組換えにより生じる Ef と eF は同数ずつ
なので，各々 10% ずつ。

元々連鎖している EF と ef も同数ずつ
生じるので，各々 40% ずつ。

$EF : Ef : eF : ef$
　＝⑤$4 : 1 : 1 : 4$

生じる F_2 は，

〔EF〕：〔Ef〕：〔eF〕：〔ef〕
　＝⑥$66 : 9 : 9 : 16$

となる。

	$4EF$	$1Ef$	$1eF$	$4ef$
$4EF$	16〔EF〕	4〔EF〕	4〔EF〕	16〔EF〕
$1Ef$	4〔EF〕	1〔Ef〕	1〔EF〕	4〔Ef〕
$1eF$	4〔EF〕	1〔EF〕	1〔eF〕	4〔eF〕
$4ef$	16〔EF〕	4〔Ef〕	4〔eF〕	16〔ef〕

答　**問1**　アー独立　イー連鎖　ウー完全連鎖　エー不完全連鎖　オー前
　　　カー相同　キー乗換え　クー組換え
　　問2　①－$1 : 1 : 1 : 1$　②－$9 : 3 : 3 : 1$　③－$1 : 0 : 0 : 1$
　　　④－$3 : 0 : 0 : 1$　⑤－$4 : 1 : 1 : 4$　⑥－$66 : 9 : 9 : 16$

問題 60 染色体地図

　ある生物の常染色体上に潜性の突然変異遺伝子 u が見つかった。同じ染色体には２つの潜性遺伝子 a と b が存在している。遺伝子 a, b, u に対する正常な遺伝子は A, B, U で，顕性遺伝子である。遺伝子 u の染色体上の相対的位置を知るために，遺伝子型 $AABBUU$ である個体と遺伝子型 $aabbuu$ である個体を交雑し，F_1 を得た。F_1 を再び遺伝子型 $aabbuu$ の個体と交雑して，その結果生まれた子の個体数を，表現型ごとに下の表にまとめた。

表現型	〔ABU〕	〔Abu〕	〔aBU〕	〔ABu〕	〔abU〕	〔AbU〕	〔aBu〕	〔abu〕	合計
個体数	348	42	40	13	12	0	0	345	800

問1 表から，次の各遺伝子間の組換え価を求めよ。答えは四捨五入して小数第１位まで求めよ。組換え価の単位は％とする。

(1) 遺伝子 a と b の間の組換え価　　(2) 遺伝子 b と u の間の組換え価

(3) 遺伝子 a と u の間の組換え価

問2 遺伝子 a と b, b と u, a と u の間の組換え価をもとに，遺伝子 a, b, u の染色体地図を描け。

(信州大)

解説

問1 表は F_1(ABU/abu)を検定交雑して得られた子の表現型の分離比なので，**F_1 がつくった配偶子の遺伝子型の分離比**に等しい。F_1 がつくった配偶子の数として表を並べ替えると，下表のようになる。

遺伝子型	ABU	ABu	AbU	Abu	aBU	aBu	abU	abu
数	348	13	0	42	40	0	12	345

Point 組換え価の求め方

　2遺伝子間の組換え価を求めるときには，それ以外の遺伝子は無視する。

(1) F_1 がつくった配偶子を，遺伝子 A (a), B (b) についてまとめ直す。

遺伝子型	$AB(U)$	$AB(u)$	$Ab(U)$	$Ab(u)$	$aB(U)$	$aB(u)$	$ab(U)$	$ab(u)$
数	348	13	0	42	40	0	12	345

遺伝子 U (u) にかかわらず，遺伝子 A (a), B (b) にのみ着目して配偶子をまとめ直す。

　　　AB　　　　Ab　　　　aB　　　　ab
　　　361　　　　42　　　　40　　　　357

$AB : Ab : aB : ab = 361 : 42 : 40 : 357$

F_1 は AB と ab が連鎖しているので，組換えにより生じた配偶子は Ab と aB。よって，

$$組換え価（\%）＝\frac{組換えにより生じた配偶子数}{全配偶子数}×100（\%）$$

$$＝\frac{42＋40}{800}×100（\%）＝10.25（\%）\quad→\quad 10.3（\%）$$

⑵　F_1 から生じた配偶子を，遺伝子 B（b），U（u）についてまとめ直すと，

$BU：Bu：bU：bu＝388：13：12：387$

F_1 は BU と bu が連鎖しているので，組換えにより生じた配偶子は Bu と bU。よって，

$$組換え価（\%）＝\frac{13＋12}{800}×100（\%）＝3.125（\%）\quad→\quad 3.1（\%）$$

⑶　F_1 から生じた配偶子を，遺伝子 A（a），U（u）についてまとめ直すと，

$AU：Au：aU：au＝348：55：52：345$

F_1 は AU と au が連鎖しているので，組換えにより生じた配偶子は Au と aU。よって，

$$組換え価（\%）＝\frac{55＋52}{800}×100（\%）＝13.375（\%）\quad→\quad 13.4（\%）$$

問2　組換えは，２つの遺伝子の距離が遠いほど起こりやすい。

> **Point**　遺伝子間の距離
>
> 　２遺伝子間の組換え価（％）の大きさは，２遺伝子間の染色体上での距離（cM〈センチモルガン〉）に比例する。

　よって，組換え価が最も大きい a と u が染色体上で最も離れており，b は a と u の間に位置する。ab の組換え価が10.3，bu の組換え価が3.1なので，b は a よりも u に近い場所に位置する。

　本問の F_1 のような三重ヘテロ個体を検定交雑して３つの組換え価を求め，染色体上での遺伝子の並び方を決定する方法を三点交雑という。

🔲答　問I　⑴　10.3%　⑵　3.1%　⑶　13.4%
　　　問2　右図

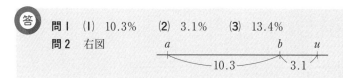

14. いろいろな遺伝

複数種類の対立遺伝子による形質の決定

　スイートピーの花色には異なる染色体上に存在する2種類の対立遺伝子が関わっている。色素原をつくる遺伝子を C，色素原を色素に変える遺伝子を P とし，C，P に対する潜性遺伝子をそれぞれ c，p とすると，C と P を両方もったときに紫色花となり，どちらかを欠くと白色花となる。

　いま，2種類の純系の白色花どうしを親として交雑したところ，雑種第一代(F_1)はすべて紫色花となった。この F_1 を自家受精させて，雑種第二代(F_2)を得た。

問1　F_2 の紫色花と白色花の比はどうなるか答えよ。

問2　F_2 の白色花の遺伝子型は何種類あるか答えよ。

問3　F_2 の紫色花で最も少ない遺伝子型を答えよ。

（大阪電気通信大）

　形質の決定に複数種類の対立遺伝子がはたらいている問題では，まず**顕性遺伝子のもち方**と，そのときの**表現型の関係**を確認しよう。

　まず，問題の色素合成を図示すると次のようになる。

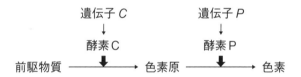

　また，「C と P を両方もったときに紫色花となり，どちらかを欠くと白色花となる」という記述からも，下表の関係がわかる。

〔CP〕	〔Cp〕	〔cP〕	〔cp〕	← 顕性遺伝子のもち方
紫色花	白色花	白色花	白色花	← 表現型

　純系の白色花どうしの交雑で生じた F_1 がすべて**紫色花**〔CP〕となったので，親の一方は C をもつ白色花の純系($CCpp$)，もう一方は P をもつ白色花の純系($ccPP$)とわかる。よって F_1 の遺伝子型は，$CcPp$。

問 |　遺伝子 C と遺伝子 P は「異なる染色体上に存在する」，すなわち**独立**の

関係にある。よって，$F_1(CcPp)$
を自家受精して得られる F_2 は，
右表の通り。

紫色花：白色花

$= (〔CP〕) : (〔Cp〕 + 〔cP〕 + 〔cp〕)$

$= 9 : (3 + 3 + 1)$

$= 9 : 7$

	CP	Cp	cP	cp
CP	〔CP〕	〔CP〕	〔CP〕	〔CP〕
Cp	〔CP〕	〔Cp〕	〔CP〕	〔Cp〕
cP	〔CP〕	〔CP〕	〔cP〕	〔cP〕
cp	〔CP〕	〔Cp〕	〔cP〕	〔cp〕

問 2 , 3　F_1 がつくる配偶子を，C (c)，P (p) について別々に考えてみよう。

① C (c) について考える。

　　$F_1(Cc)$ から生じる配偶子は，$C : c = 1 : 1$ なの
で，F_2 の C (c) についてだけみると，F_2 の遺伝子
型と分離比は，$CC : Cc : cc = 1 : 2 : 1$。

	C	c
C	CC	Cc
c	Cc	cc

② P (p) について考える。

　　F_1 は Pp なので，①と同様に，F_2 の遺伝子型と分
離比は，$PP : Pp : pp = 1 : 2 : 1$。

	P	p
P	PP	Pp
p	Pp	pp

③ C (c) と P (p) は独立なので，F_2 における**分離比**

（①, ②）は**同時に成立**する。よって，F_2 の遺伝子型と分離比は下表の通り。

表現型	紫色花		白色花	
	〔CP〕	〔Cp〕	〔cP〕	〔cp〕
遺伝子型	$CCPP : CCPp : CcPP : CcPp$	$CCpp : Ccpp$	$ccPP : ccPp$	$ccpp$
分離比	$= 1×1 : 1×2 : 2×1 : 2×2$ $= \ \ 1 \ : \ \ 2 \ : \ \ 2 \ : \ \ 4$	$1×1 : 2×1$ $1 \ : \ 2$	$1×1 : 1×2$ $1 \ : \ 2$	$1×1$ 1

　　白色花の遺伝子型は $CCpp$, $Ccpp$, $ccPP$, $ccPp$, $ccpp$ の 5 種類（問 2 ）。
紫色花のうち最も少ない遺伝子型は $CCPP$ である（問 3 ）。

答　**問 |**　紫色花：白色花 $= 9 : 7$　　**問 2**　5 種類　　**問 3**　$CCPP$

母性効果遺伝子

ショウジョウバエでは、タンパク質 X の mRNA は、母性因子の遺伝子(母性効果遺伝子。以下、母性遺伝子)から転写され、卵の後端の細胞質に蓄えられる。卵が産み出されると、この mRNA からタンパク質 X が翻訳され、発生を開始した卵(以下、胚)の後端から前方の領域にかけてタンパク質 X の濃度勾配が生じ、タンパタ質 X の濃度が一定以上になった領域に腹部が形成される。

下線部に関連して、ショウジョウバエの胚の生存に必要な母性因子を合成する母性遺伝子 M に関する次の文中の空欄に入る数値として最も適当なものを、下の①～⑤からそれぞれ 1 つずつ選べ。ただし、同じものを繰り返し選んでもよい。なお、遺伝子 M は、常染色体上にあり、母性遺伝子としてのみはたらくものとする。

遺伝子 M と、そのはたらきを失った対立遺伝子 m とをヘテロ接合でもつ個体どうしを交配して得られた受精卵のうち、理論上は　ア　%が成虫まで発生する。このとき成虫まで発生したすべての雌と野生型の雄とを交配して得られる受精卵のうち、　イ　%が成虫まで発生する。

① 0　　　② 25　　　③ 50　　　④ 75　　　⑤ 100

(共通テスト)

解説　母性因子とは、母親の体細胞で合成されたのち未受精卵の細胞質に蓄えられ、受精後の胚発生に影響を与える物質(mRNA、もしくはタンパク質)であり、母性因子の遺伝子が母性効果遺伝子である。問題 55 で扱った、ビコイド mRNA やナノス mRNA は母性因子の例である。

「ショウジョウバエの胚の生存に必要な母性因子を合成する母性遺伝子 M」からつくられる母性因子を因子Mとする。遺伝子 M は「常染色体上にあり」とあることから、ショウジョウバエの遺伝子型は MM、Mm、mm のいずれかであり、因子Mを合成できる雌個体の遺伝子型は MM、Mm のいずれかである。よって、遺伝子型 MM もしくは遺伝子型 Mm の雌個体がつくる未受精卵は因子Mをもち、受精後に受精卵の遺伝子型にかかわらず胚発生を行うことができるのに対し、遺伝子型 mm の雌個体がつくる未受精卵は因子Mをもたず、受精しても受精卵の遺伝子型にかかわらず正常に胚発生を行うことができない。

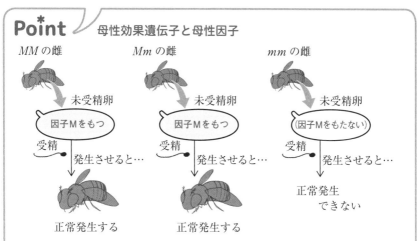

Point 母性効果遺伝子と母性因子

MM の雌　　　　　*Mm* の雌　　　　　*mm* の雌

未受精卵　　　　　　未受精卵　　　　　　未受精卵

因子Mをもつ　　　　因子Mをもつ　　　　（因子Mをもたない）

受精　　　　　　　　受精　　　　　　　　受精

発生させると…　　　発生させると…　　　発生させると…

　　　　　　　　　　　　　　　　　　　　正常発生
　　　　　　　　　　　　　　　　　　　　　できない

正常発生する　　　　正常発生する

受精卵が正常発生できるかどうかは**母親の遺伝子型のみ**によって決まる。母親の遺伝子型が *MM*，もしくは *Mm* である受精卵は，**受精卵の遺伝子型にかかわらず正常発生できる**のに対し，母親の遺伝子型が *mm* である受精卵は，**受精卵の遺伝子型にかかわらず正常発生できない**。

ヘテロ接合体(*Mm*)どうしを交配すると，**交配に用いた母親(*Mm*)は因子 M をもつ卵のみをつくる**ので，受精卵はすべて(100%)正常発生する。また，受精卵の遺伝子型とその比は *MM*：*Mm*：*mm* = 1：2：1 となる。

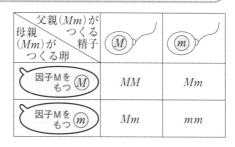

母親(*Mm*)が つくる卵 ＼ 父親(*Mm*)が つくる精子	(M)	(m)
因子Mを もつ (M)	*MM*	*Mm*
因子Mを もつ (m)	*Mm*	*mm*

次に，このとき成虫まで発生したすべての雌(*MM*：*Mm*：*mm* = 1：2：1)を野生型の雄と交配すると，

$$\underset{\substack{\text{母親 }MM\text{ と }Mm\text{ がつくる}\\\text{因子Mをもつ卵}}}{1\ :\ 2}\quad :\quad \underset{\substack{\text{母親 }mm\text{ がつくる}\\\text{因子Mをもたない卵}}}{1}$$

正常発生できる受精卵：正常発生できない受精卵 = (1 + 2)：1 = 3：1

で生じる。よって成虫まで発生できるものの割合は $\dfrac{3}{4}$ = 75% となる。

答 ア-⑤　イ-④

右図はある家系における赤緑色覚異常（遺伝子はX染色体上にあって潜性である）の4世代にわたる家系図である。□は男性，○は女性を，□や○の中の数字は個体番号を表す。赤緑色覚異常の有無に関して判明している場合には，□や○は実線で示されており，

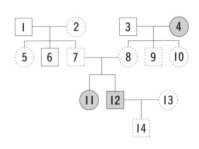

網掛けで示された個体番号4，11，12は赤緑色覚異常であることが，また個体番号1，3，6は赤緑色覚異常ではないことがわかっている。一方，赤緑色覚異常に関して不明の場合には□や○は点線で示されている。なお，この家系図で示された4世代の間には新たに突然変異は生じていないものとする。

問1 個体番号7，8，9，10の4人の中で，発症の有無にかかわらず，赤緑色覚異常の遺伝子をもっている者は誰か。最も適当な組み合わせを，次から1つ選べ。

① 8，10   ② 7，8，9   ③ 7，8，10

④ 8，9，10   ⑤ 7，8，9，10

問2 個体番号14が，個体番号12から赤緑色覚異常の遺伝子を受け継ぐ確率（％）を答えよ。

問3 個体番号2が赤緑色覚異常の遺伝子をもっている確率（％）を答えよ。

問4 個体番号5が赤緑色覚異常の遺伝子をもっている確率（％）を答えよ。

（順天堂大）

解説　ヒトの性決定様式はXY型で，女性はX染色体を2本（XXと表す），男性はX染色体とY染色体を1本ずつ（XYと表す）もつ。
　赤緑色覚異常はX染色体上に存在する潜性遺伝子によって発症する遺伝病である。正常遺伝子をA，赤緑色覚異常遺伝子をaとし，X染色体とともにX^A，X^aと書くと，性染色体と遺伝子のもち方は次のように表せる。

女性 $\begin{cases} \text{正常：} X^A X^A, \ X^A X^a \\ \text{発症：} X^a X^a \end{cases}$ 男性 $\begin{cases} \text{正常：} X^A Y \\ \text{発症：} X^a Y \end{cases}$

表現型　遺伝子型   表現型　遺伝子型

問1 **男性は表現型と遺伝子型が一致する**ので，発症していない1，3，6は$X^A Y$，発症している12は$X^a Y$と決定できる。女性は発症していない場合は

X^AX^A と X^AX^a の2通りの可能性があるため，遺伝子型は決定できない。発症している4と11のみ，X^aX^a と決定できる。

男性は父親からY染色体を，母親からX染色体を渡される。よって X^aX^a を母にもつ9は X^aY と決定できる。また6 (X^AY) を息子にもつ2は X^A をもち，12 (X^aY) を息子にもつ8は X^a をもつことがわかる。

女性は父親と母親からX染色体を1本ずつ渡される。よって，4 (X^aX^a) を母に，3 (X^AY) を父にもつ8と10は X^AX^a。5は父から渡された X^A をもつ。また，X^aX^a を娘にもつ7は X^aY と決定できる。2の息子には，X^AY（6）と X^aY（7）がいるので2は X^AX^a。

問2 12はX染色体上に赤緑色覚異常の遺伝子をもつが，父親が息子に渡す性染色体はY染色体なので，12から息子14に赤緑色覚異常の遺伝子が渡されることはない。

問3 7は X^aY で，7のもつ X^a は母親2から渡されたものなので，2は必ず X^a をもつ。

問4 5は父親1から X^A を渡される。母親2は X^AX^a なので，2から渡されるX染色体は $X^A : X^a = 1 : 1$。よって5の遺伝子型は，X^AX^A となる確率が50%，X^AX^a となる確率が50%。

答 問1 ⑤ 問2 0% 問3 100% 問4 50%

第7章　体内環境の維持

15. 体　液

心臓の構造

生物基礎 生物

図1はヒトの心臓の断面の模式図である。肺に送り出される血液が流れるのは，図の血管 ［ ア ］ であり，酸素を多く含んだ血液があるのは ［ イ ］ 心室である。

問1　上の文中の空欄に適する記号 ［ ア ］ と語句 ［ イ ］ を答えよ。

問2　心臓の拍動リズムは自律神経により調節されている。心臓の拍動を促進する自律神経と抑制する自律神経の名称，および，その末端から放出される化学物質の名称をそれぞれ答えよ。

問3　左心室内の圧力を縦軸に，左心室の容積を横軸にとり心臓の拍動をプロットすると，図2の「圧−容積曲線」が描かれる。この図の1周は1回の拍動で得られる。2つの弁（大動脈弁と房室弁）が，次の(1)〜(4)の4つの状態をとるのは図中の①〜④のどの時点か，それぞれ1つずつ選べ。

(1)　大動脈弁が閉じる　　(2)　大動脈弁が開く

(3)　房室弁が閉じる　　(4)　房室弁が開く

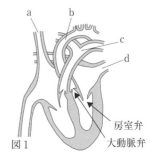

図1

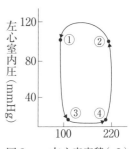

図2　左心室容積(μL)

問1　細胞の周囲を満たす液体を体液（細胞外液）という。体液は存在場所により，血液・組織液・リンパ液に分けられる。ヒトの血液循環の経路は次のようになっている。（ —— は動脈血， —— は静脈血）

（全身 —— ）大静脈 —— 右心房 —— 右心室 —— 肺動脈 ——

　　　　 —— 肺 —— 肺静脈 —— 左心房 —— 左心室 —— 大動脈 —— 全身

血液は肺でガス交換を行って酸素を多く含む動脈血となり，肺静脈を流れて心臓に戻った後，大動脈を流れて全身に酸素の供給を行う。酸素が少ない静脈血は大静脈を流れて心臓へ戻り，肺動脈を流れて肺へ向かう。

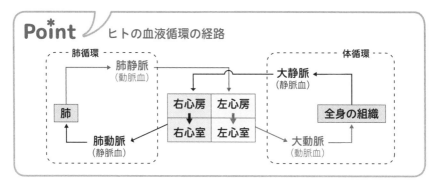

Point ヒトの血液循環の経路

肺循環　　　　　　　　　　　　　　　　　　体循環

肺静脈
（動脈血）

大静脈
（静脈血）

肺

右心房　左心房

全身の組織

右心室　左心室

肺動脈
（静脈血）

大動脈
（動脈血）

問2　右心房には特殊な心筋が集まった洞房結節がある。洞房結節は自律的に興奮する性質をもち，ペースメーカーとしてはたらく。この興奮が刺激伝導系によって心臓全体に伝えられて心臓の拍動のリズムが生じる。自律神経系は洞房結節に接続し，洞房結節の興奮を調節することで拍動リズムを調節している。<u>交感神経の末端から放出されるノルアドレナリンは興奮の発生頻度を大きくして**拍動を促進**する。副交感神経の末端から放出されるアセチルコリンは興奮の発生頻度を小さくして**拍動を抑制**する。</u>

問3　左心室は全身へ血液を届けるために**高い圧力**をかける必要があるので，その心筋は他の部分に比べて**厚く発達**している。左心室に流入した血液が大動脈へ送り出される過程は次の通り。

① 房室弁が開き，左心房から血液が流れ込むと，左心室の容積が増す（③ → ④）。

② 逆流を防ぐために房室弁が閉じ，血液を送り出すために心筋が収縮すると内圧が増す（④ → ②）。

③ 大動脈弁が開き，血液が大動脈へと流れると左心室容積が低下する（② → ①）。

④ 大動脈弁が閉じ，心筋が弛緩すると内圧が低下し，次の血液流入の準備が整う（① → ③）。

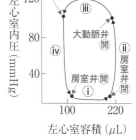

答　問1　アーc　イー左

問2　促進－交感神経，ノルアドレナリン

　　抑制－副交感神経，アセチルコリン

問3　(1) ①　(2) ②　(3) ④　(4) ③

問題 65 酸素解離曲線

右図1は，酸素分圧と酸素と結合したヘモグロビン（酸素ヘモグロビン）の割合（%）の関係を示したものである。

3種類のヘモグロビンA，B，Cがあり，二酸化炭素分圧が30mmHg（肺での二酸化炭素濃度に相

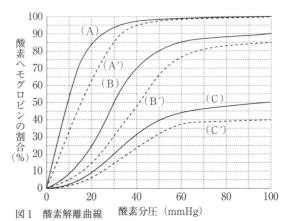

図1　酸素解離曲線

当）のとき，それぞれのヘモグロビンの酸素解離曲線は（A），（B），（C）となり，二酸化炭素分圧が60mmHg（組織での二酸化炭素濃度に相当）では酸素解離曲線がそれぞれ（A′），（B′），（C′）となった。また肺での酸素分圧は100mmHg，組織での酸素分圧は30mmHgであった。

問1　図1に関する次の記述のうち，正しいものをすべて選べ。

① ヘモグロビンAは，肺で酸素と結合する能力が最も低い。

② ヘモグロビンAとヘモグロビンBの組織に酸素を与える能力は，同じである。

③ ヘモグロビンBは，ヘモグロビンAよりも組織に酸素を与える能力が高い。

④ ヘモグロビンCは，ヘモグロビンAよりも組織に酸素を与える能力が高い。

⑤ 3種類のヘモグロビンの組織に酸素を与える能力は，同じである。

⑥ ヘモグロビンCは，組織で酸素と結合する能力が最も高い。

問2　ヘモグロビンCの場合，組織で酸素と解離したヘモグロビンは，肺における酸素ヘモグロビンの何%か。

問3　ヘモグロビンBは，血液100mL中に15g含まれており，1gで最大1mLの酸素と結合できるものとする。血液にヘモグロビンBのみが含まれている場合，血液100mL当たり最大何mLの酸素を組織に供給するか。

（近畿大）

問1　酸素ヘモグロビン(HbO_2)の割合は，酸素分圧（O_2分圧）と二酸化炭素分圧（CO_2分圧）の2つによって決定する。

肺でのO_2分圧は$100\,mmHg$，CO_2分圧は$30\,mmHg$。また，組織でのO_2分圧は$30\,mmHg$，CO_2分圧は$60\,mmHg$なので，HbO_2の割合は右表の通り。

	HbO_2の割合(%)	
	肺	組織
Hb A	100	85
Hb B	90	30
Hb C	50	15

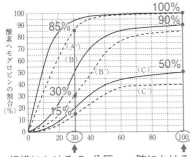

実線のグラフは肺でのCO_2分圧を，点線のグラフは組織でのCO_2分圧を示すので，

$\begin{cases} \text{Hb A は肺では100\%，組織では85\%} \\ \text{Hb B は肺では 90 \%，組織では30\%} \\ \text{Hb C は肺では 50 \%，組織では15\%} \end{cases}$

が，HbO_2となっていることがわかる。

① 肺でのHbO_2の割合は，Hb A → 100%，Hb B → 90%，Hb C → 50%。よって，Hb A は肺で酸素と結合する能力が最も高い。誤り。

②〜⑤ 肺と組織のHbO_2の割合の差が，全 Hb のうち組織でO_2を放出した Hb の割合となる。Hb A は100％−85％＝15％，Hb B は90％−30％＝60％，Hb C は50％−15％＝35％。Hb B と Hb C はいずれも Hb A より多くのO_2を組織に供給する。③，④が正しい。

⑥ 組織でのHbO_2の割合は，Hb A → 85%，Hb B → 30%，Hb C → 15%で，Hb C が最も低い。誤り。

問2　Hb C は，肺では50％が，組織では15％がHbO_2となっている。よって，全 Hb のうち組織でO_2を放出した Hb の割合は，50％−15％＝35％。

問われているのは，「肺でHbO_2となっていた Hb のうち何％か」なので，

$$\begin{matrix} \text{組織で}O_2\text{を放出した Hb} \longrightarrow \\ \text{肺で}HbO_2\text{となっていた Hb} \longrightarrow \end{matrix} \dfrac{35}{50} \times 100〔\%〕＝70〔\%〕$$

問3　問1②〜⑤の解説でも述べたように，全 Hb のうち組織でO_2を放出した Hb B は60％。よって，血液$100\,mL$中の全 Hb が結合できるO_2量の60％が組織で放出される。よって，

$$15〔g〕\times 1〔mL/g〕\times 60〔\%〕＝9〔mL〕$$

　問1　③，④　　**問2**　70％　　**問3**　9mL

血液凝固

　血液凝固はケガなどの際に損傷した血管からの出血を止めるとともに，傷口からの細菌の侵入を防ぐため生体防御の面からも重要である。この血液凝固には，血球成分の１つである　ア　や，血しょうに存在し凝固に関係する各種の因子のはたらきが関係している。採血した血液を試験管の中に入れて放置すると，　ア　や各種の凝固因子が活性化しプロトロンビンから　イ　が生成される。　イ　は酵素であり，血しょうに存在するタンパク質である　ウ　を　エ　に変える。この　エ　と血球が絡み合うと，血液は塊状の　オ　と液体の血清に分かれる。

問１　文中の空欄にあてはまる最も適切な語句を答えよ。

問２　液体成分である血しょうと血清の中のタンパク質濃度はどちらが高いか答えよ。また，その理由を50字以内で説明せよ。

問３　血液を採取しその直後にクエン酸ナトリウムを加えたところ血液凝固が起こらなかった。これは，クエン酸ナトリウムを加えたことにより血液凝固に必要な無機イオンが除去されたためである。この無機イオンとして適切なものを次から１つ選べ。

①　ナトリウムイオン　　　②　カリウムイオン
③　カルシウムイオン　　　④　マグネシウムイオン　　　⑤　亜鉛イオン

問４　２本の試験管Ａ，Ｂに血液を採取し試験管Ａを37℃，試験管Ｂを４℃で維持した。どちらの試験管の中の血液凝固が速く進むか答えよ。また，その理由を60字以内で説明せよ。

（千葉大）

　問１　血管が損傷して出血が起こると，傷口を塞いで出血を抑える血ぺいがつくられる。血ぺいがつくられる流れは次の通り。

①　傷口に血小板が集まる。

②　血小板からの血小板因子や，傷ついた組織からの血液凝固因子，血しょう中のカルシウムイオン（Ca^{2+}）などのはたらきにより，血しょう中のプロトロンビンが，酵素であるトロンビンに変化する。

③　トロンビンは，血しょう中のフィブリノーゲンをフィブリンへと変化

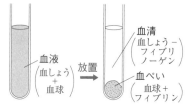

させる。

④　繊維状のフィブリンが血球を絡め取り，血ぺいとなる。

問2　血液は血しょうと血球からなる。血液を静置すると**血ぺいが沈殿して上澄みは血清となる**。血しょう中には水溶性タンパク質であるフィブリノーゲンが存在するが，フィブリノーゲンはフィブリンとなって血ぺいに含まれるので，この分だけ血しょうよりも血清の方がタンパク質濃度が低くなる。

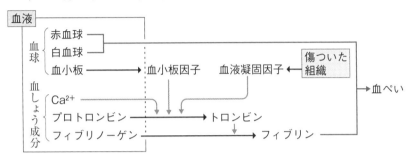

問3　トロンビンの生成には Ca^{2+} の存在が必要である。**クエン酸ナトリウムを加えると，クエン酸カルシウムが沈殿し**，Ca^{2+} が失われるためトロンビンが生じず，血液凝固反応は起こらない。献血などで採血した際も，血液にクエン酸ナトリウムを少量加えることで血液凝固を防いでいる。他にも，

①　**低温（4℃）に保つ**：トロンビンなど，反応に関わる酵素の活性を低下させる。

②　**ガラス棒でかき混ぜ続ける**：フィブリンを絡め取り，血ぺいが生じるのを妨げる。

などの血液凝固を防ぐ方法がある。

問4　血液凝固反応はいろいろな酵素による触媒作用により進む。一般に，**酵素活性は4℃程度の低温ではほぼゼロに等しく，37℃付近では円滑に進行する**と考えてよい。よって4℃では血液凝固反応は進行せず，37℃では速やかに進行する。

　問1　アー血小板　イートロンビン　ウーフィブリノーゲン
　　　　エーフィブリン　オー血ぺい
　　問2　血しょう　理由：血しょう中の水溶性タンパク質であるフィブリ
　　　　ノーゲンはフィブリンとして沈殿し血清中には含まれないため。(50字)
　　問3　③
　　問4　試験管A　理由：4℃よりも37℃の方が酵素の反応速度が大き
　　　　いため，トロンビンによるフィブリンの生成が速く進む。(46字)

16. 免　　疫

生体防御

　ヒトはウイルスや細菌などの病原体から身を守るためにさまざまなしくみを備えている。(a)皮膚や気管などは外部環境からの異物の侵入を防ぐバリアとしてはたらく。このバリアが突破され，病原体が体内に侵入した場合には免疫と呼ばれるはたらきによって病原体を排除する。まず，単球から分化したマクロファージや ア などの食細胞が病原体を取り込んで分解し，その分解産物を イ T細胞が抗原として認識する。(b) イ T細胞は分泌した ウ によって エ T細胞を活性化させ，エ T細胞は病原体に感染した細胞を攻撃する。また，(c) イ T細胞は オ 細胞を刺激して，タンパク質からなる抗体をつくる カ 細胞へ分化させる。抗体は特定の抗原に結合し，最終的にマクロファージや ア などのはたらきで処理される。

問1　下線部(a)について，正しいものを次からすべて選べ。

①　ウイルスは死細胞にしか感染できないため，ケラチンや細胞の層からなる角質により皮膚表面からの体内への侵入が阻止される。

②　涙やだ液などには，細菌の細胞壁を分解するリゾチームや，細菌の細胞膜を破壊するディフェンシンが含まれる。

③　気管内部では強酸性(pH2)の粘液が常に分泌されるため，吸い込んだ病原体のほとんどは，肺に達する前に粘液により殺菌される。

④　皮膚表面に常在している細菌の中には，他の細菌の繁殖を抑えることで病原体の感染を防ぐのに役立つものがある。

問2　文中の空欄に適する語句を入れよ。

問3　下線部(b)について，(1)このような免疫機構を何というか，(2)T細胞が成熟・分化する器官はどこか，それぞれ記せ。

問4　下線部(c)について，(1)このような免疫機構を何というか，(2) オ 細胞が成熟・分化する器官はどこか，それぞれ記せ。

（大阪歯大）

問1　ヒトは，異物の侵入を防いだり，侵入した異物を除去したりする生体防御のしくみをもつ。

①　皮膚の表面は，扁平な死細胞とケラチンタンパク質とがつくる堅い角質で覆われている。**ウイルスは生細胞にしか感染できない**ので，皮膚表面からの侵入が阻止される。よって誤り。

② リゾチームは**細菌の細胞壁を加水分解する酵素**。ディフェンシンは粘膜
　の上皮細胞などから分泌されるタンパク質で，**細菌の細胞膜を破壊**する。
　ともに涙やだ液中などに含まれる。正しい。

③ 気管内部は常に粘液が分泌されていて，鼻や口から吸い込まれた異物が
　付着する。粘液に**付着した異物は，気管上皮細胞の繊毛運動によって外に
　運び出される**。ただし**粘液はほぼ中性で，殺菌効果はない**。pH2という強
　酸性なのは胃液で，飲み込んだ食物などに含まれる病原体のほとんどは，
　胃酸によって胃内で殺菌される。

④ 皮膚表面だけでなく腸管の粘膜にもさまざまな細菌が存在していて，こ
　れらの細菌が占有することで病原体の増殖・感染を防ぐのに役立っている
　場合がある。これらの細菌は常在菌と呼ばれる。

問2　生体内に侵入した異物に対しては，白血球による除去，すなわち免疫が
　はたらく。侵入した異物は食細胞(単球から分化したマクロファージや樹状
　細胞のほか，好中球など)が食作用で細胞内に取り込み消化・分解する。マ
　クロファージと樹状細胞は取り込んだ異物の情報をヘルパーT細胞とキラー
　T細胞に伝える(抗原提示する)抗原提示細胞としてもはたらく。ヘルパーT
　細胞は異物を抗原として認識し，他のリンパ球を活性化する。

　　免疫細胞が分泌し，細胞間の情報伝達にはたらくタンパク質をサイトカイ
　ンという。

　　細胞性免疫によって抗原を排除する場合は，キラーT細胞が活性化される。
　キラーT細胞は非自己細胞やがん細胞，ウイルス感染細胞を**直接攻撃**して排
　除する。体液性免疫によって抗原を排除する場合は，B細胞が活性化される。
　B細胞は形質細胞(抗体産生細胞)へと分化し，免疫グロブリンというタンパ
　ク質からなる抗体を分泌する。抗体は抗原と特異的に結合(抗原抗体反応)し，
　その毒性を抑えたり，感染力を低下させたりする。

問3，4　**血球はすべて骨髄で生じる**。白血球の一種であるリンパ球もすべて
　骨髄で生じ，その後胸腺で分化したものがT細胞，骨髄で分化したものがB
　細胞となる。

第7章 体内環境の維持

答　**問1**　②，④　　**問2**　アー樹状細胞　イーヘルパー　ウーサイトカイン
　　エーキラー　オーB　カー形質(抗体産生)
　問3　(1)　細胞性免疫　　(2)　胸腺
　問4　(1)　体液性免疫　　(2)　骨髄

細胞性免疫

生物基礎 < 生物

　臓器移植において(a)移植片が拒絶されるのは，自己の細胞には存在しない抗原が細胞膜上に発現しているからである。このような抗原のうち，移植において最も強い拒絶反応を引き起こす抗原（タンパク質）を MHC 分子という。MHC 遺伝子は数千種類以上あり，通常これをホモ接合体でもつことは極めて少ない。例えば，異なる MHC 遺伝子をヘテロ接合体でもつ両親から子が生まれた場合，両親から１つずつ異なる MHC 遺伝子が伝わるので，親子間では MHC 遺伝子の一方は一致するが，もう一方は一致しない。また，兄弟間でも MHC 遺伝子が完全に一致する確率は　ア　％である。

　いま，近親交配を繰り返して MHC 遺伝子をホモ接合体でもつマウスを３系統（Ⅰ系統～Ⅲ系統）と，Ⅰ系統とⅡ系統の雑種第一代（F_1）を準備し，互いに皮膚の交換移植を行った。右表はその結果を示したものである。なお，ドナーとは移植片を提供した個体，レシピエントとは移植片を移植された個体のことである。

		レシピエント			
		Ⅰ系統	Ⅱ系統	Ⅲ系統	F_1
ドナー	Ⅰ系統	＋	－	－	イ
	Ⅱ系統	－	＋	－	ウ
	Ⅲ系統	－	－	＋	エ
	F_1	オ	カ	キ	＋

＋：生着を示す。　－：脱落を示す。

問1　文中の　ア　にあてはまる値を答えよ。
問2　下線部(a)を参考に，表中のイ～キに入る結果をそれぞれ＋，－で表せ。

（獨協医大）

解説

問1　脊椎動物の体細胞は，個体に固有なタンパク質を細胞膜にもっている。このタンパク質が MHC（主要組織適合抗原複合体）分子である。なお，ヒトの MHC 分子は HLA（ヒト白血球型抗原）という。自分自身の細胞膜に存在しない型の MHC 分子をもつ細胞は，非自己細胞として認識され，キラーＴ細胞に攻撃されて排除される。

　MHC 遺伝子をヘテロでもつ両親の遺伝子型を，それぞれ AB（父親），CD（母親）とすると，

　　　　父親から生じる精子は，$A：B＝1：1$
　　　　母親から生じる　卵　は，$C：D＝1：1$
　　よって，子の遺伝子型とその割合は，
　　$AC：AD：BC：BD＝1：1：1：1$

精子＼卵	C	D
A	AC	AD
B	BC	BD

　つまり，4種類の遺伝子型の子が，各々**25%**の確率で生まれることになる。

よって，兄弟間でMHC遺伝子が完全に一致する確率は，25%。

問2 それぞれの系統のマウスのMHC遺伝子の遺伝子型を，EE（Ⅰ系統），FF（Ⅱ系統），GG（Ⅲ系統）とする。Ⅰ系統とⅡ系統のF_1の遺伝子型は，EFとなる。

		レシピエント			
		Ⅰ系統　EE	Ⅱ系統　FF	Ⅲ系統　GG	F_1　EF
ドナー	Ⅰ系統　EE	＋	－	－	イ
	Ⅱ系統　FF	－	＋	－	ウ
	Ⅲ系統　GG	－	－	＋	エ
	F_1　EF	オ	カ	キ	＋

皮膚移植や臓器移植では，移植片供与者（ドナー）と受容者（レシピエント）のMHC遺伝子型が一致していれば問題なく生着する。しかし遺伝子型が一致しない場合は，拒絶反応が起きうる。

白血球は自己がもたないMHC分子を非自己物質として認識するので，**レシピエントがもたないMHC分子をもつ移植片は攻撃を受け，脱落する。**しかし，**遺伝子型が異なっていても，レシピエントがもつMHC分子だけをもつならば，その移植片は攻撃を受けず，生着する。**

イ．Ⅰ系統（EE）の皮膚片をF_1（EF）に移植すると，皮膚片（EE）がもつMHC分子はF_1（EF）の体内にもともと存在するEのみなので，非自己とは認識されず，**生着する。**

ウ．イと同様に，Ⅱ系統（FF）の皮膚片がもつMHC分子はF_1（EF）の体内にもともと存在するFのみなので，非自己とは認識されず，**生着する。**

エ．Ⅲ系統（GG）の皮膚片をF_1（EF）に移植すると，皮膚片（GG）がもつMHC分子はF_1（EF）の体内には存在しないGなので，非自己と認識されて**脱落する。**

オ．F_1（EF）の皮膚片をⅠ系統（EE）に移植すると，皮膚片（EF）はⅠ系統の体内には存在しないFをもつので，非自己と認識されて**脱落する。**

カ．オと同様に，皮膚片（EF）はⅡ系統（FF）の体内には存在しないEをもつので，非自己と認識されて**脱落する。**

キ．オ，カと同様に，皮膚片（EF）はⅢ系統（GG）の体内には存在しないEとFをもつので，非自己と認識されて**脱落する。**

 問1 25　**問2** イ：＋　ウ：＋　エ：－　オ：－　カ：－　キ：－

問題 69 体液性免疫

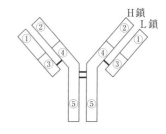

図1　抗体の構造

問1　抗体は図1に示すようにH鎖とL鎖と呼ばれるポリペプチドから構成される。図1の①〜⑤の中で，直接抗原と結合する部位をすべて選べ。

問2　免疫グロブリン遺伝子のうち，H鎖の可変部を指定する遺伝子はV，D，Jと呼ばれる3つの領域，L鎖の可変部を指定する遺伝子はV，Jと呼ばれる2つの領域に分かれて存在している。各領域は複数の遺伝子断片で構成されており，各領域から遺伝子断片が1つずつ選択されて連結され，多様な抗体が生み出される。ある生物でH鎖のV，D，J領域がそれぞれ40，25，5種類の遺伝子断片，L鎖のV，J領域がそれぞれ100，10種類の遺伝子断片から構成されていたとすると，この生物の形質細胞(抗体産生細胞)は，理論上，最大何種類の抗体を生産できるか。最も近い値を次から1つ選べ。ただし，上記以外の要素は考慮しないこととする。

① 180 　　　② 250 　　　③ 4×10^3 　　　④ 1×10^4

⑤ 4×10^5 　　　⑥ 5×10^6 　　　⑦ 2×10^7

問3　主に抗原抗体反応と関係が深い現象を，次からすべて選べ。

① 結核菌に感染したことがあるヒトは，ツベルクリン反応が陽性である。

② ウイルス感染した細胞には，T細胞により細胞死が誘導される。

③ 毒ヘビに噛まれた場合は，血清療法が有効である。

④ 輸血の際，血液型が一致していないと，血液の凝集反応が起きる。

問4　ジェンナーは1796年に牛痘ウイルスの接種により，天然痘が予防できることを発見した。しかし，ジェンナーがワクチンとして用いた牛痘ウイルスは厳密には天然痘ウイルスとは異なっていた。牛痘ウイルスの投与が天然痘予防に効果があった理由として最も適切なものを，次から1つ選べ。

① 牛痘ウイルスと天然痘ウイルスは構造が類似しており，牛痘ウイルスの接種により，2つのウイルスに共通する抗原に対する抗体が生産された。

② 牛痘ウイルスの接種により，あらゆる抗体の生産が亢進し，ウイルス全般に対する免疫応答が活性化した。

③ 接種後，体内に残存していた牛痘ウイルスが，後から入ってきた天然痘ウイルスと結びつき，この複合体に対する抗体ができた。

④　牛痘ウイルスがＢ細胞に感染し，抗体生産の制御に異常をきたした。

解説

問１　抗体は**免疫グロブリン**というタンパク質からなる。免疫グロブリンは４本のポリペプチド鎖（Ｈ鎖２本，Ｌ鎖２本）が，S-S結合したＹ字型の構造をとり，右図のように可変部と定常部をもつ。定常部の構造はすべての抗体で共通だが，可変部の構造は抗体の種類ごとに異なり，先端の抗原結合部位で特定の抗原にのみ結合する。

抗原結合部位

Ｌ鎖

Ｈ鎖

☐ 可変部
☐ 定常部
― S-S結合

問２　可変部の構造は，Ｈ鎖のＶ，Ｄ，Ｊ領域と，Ｌ鎖のＶ，Ｊ領域の組合せで決定する。

Ｈ鎖	Ｖ領域		Ｄ領域		Ｊ領域		Ｈ鎖可変部
	40通り	×	25通り	×	5通り	=	5000通り

Ｌ鎖	Ｖ領域		Ｊ領域		Ｌ鎖可変部
	100通り	×	10通り	=	1000通り

Ｈ鎖		Ｌ鎖		可変部全体
5000通り	×	1000通り	=	5.0×10^6通り

問３　①　結核菌のタンパク質を注射すると，結核菌に感染したことのあるヒトでは，その部分にキラーＴ細胞などが集まり炎症反応（ツベルクリン反応）が起こる。これは細胞性免疫が機能した結果で，結核菌に対する**免疫記憶**の有無を調べることができる。免疫記憶が成立している場合，同一抗原が再度侵入すると，**短期間**で**大きな免疫反応**である二次応答が起こり，抗原を速やかに排除できる。

②　細胞性免疫は，非自己細胞だけでなく，がん細胞やウイルス感染細胞などの異常細胞を特異的に排除する。キラーＴ細胞は，核やDNAの断片化を伴う細胞死（アポトーシス）を引き起こしたりして細胞を排除する。

③　ヘビ毒のように緊急性が高い場合は，他の動物につくらせておいた，その抗原に対する抗体を含む血清を投与する（血清療法）。抗原抗体反応を起こし食細胞により抗体ごと抗原を排除する，**体液性免疫**を利用した**治療法**。

④　血しょう中には抗体としてはたらく凝集素が，赤血球の表面には抗原となる凝集原が存在する。

問４　ジェンナーは天然痘を予防する種痘法を発見した。天然痘ウイルスは牛痘ウイルスとよく似た構造で，**両方のウイルスに共通する抗原**に対して抗体がつくられ，免疫記憶が成立した。

答　**問１**　①，②　　**問２**　⑥　　**問３**　③，④　　**問４**　①

16.　免　疫　　**145**

17. 腎臓と肝臓

尿生成　　　　　　　　　　　　　　　　　　　　生物基礎

右表は，あるヒトの血しょう，原尿および尿中のいくつかの成分を比較したものである。次の問いに答えよ。

表　血しょう，原尿および尿中の各種成分の濃度

成　分	重量パーセント(%)		
	血しょう	原尿	尿
タンパク質	7.0	0	0
グルコース	0.12	0.12	0
尿素	0.04	0.04	2.2
尿酸	0.005	0.005	0.056
ナトリウム	0.3	0.3	0.35
イヌリン	0.1	0.1	12

問 1　この表の成分欄にあるイヌリンは多糖類の一種で，ヒトの体内では利用されないため，静脈に注射すると腎小体でろ過され，再吸収されずに急速に尿中に排出される。イヌリンは，血しょうから尿へ何倍に濃縮されたか答えよ。

問 2　尿を 1 分間に平均 1 mL 生成するとしたとき，原尿は 1 時間当たり何 mL 生成するか。

問 3　原尿中から再吸収されたナトリウムは，1 時間当たり何 g か。答は四捨五入して小数第 1 位まで求めよ。ただし，血しょう，原尿および尿の密度は 1 g/mL とする。

(関西大)

問 1　表より，イヌリン濃度は血しょう中0.1%，尿中12%。つまり，尿では血しょうの $\dfrac{12}{0.1}$ ＝120倍に濃縮されていることがわかる。この値をイヌリンの濃縮率という。

問 2　イヌリンはろ過されるが全く再吸収されないため，**原尿中へろ過された全量が尿中へ排出される**。よって，イヌリンの量に関して，

ろ過量　　　　　　　　　　　　　　排出量

原尿量×血しょう中のイヌリン濃度＝尿量×尿中のイヌリン濃度　…①

という関係が成立する。

表より，イヌリン濃度は，血しょう中では0.1%，尿中では12%。また，問題文より，1 時間当たりの尿量は，1〔mL/分〕より，60〔mL/時間〕。

よって，1 時間当たりの原尿生成量を x〔mL〕とすると，

$$x〔\text{mL}〕×0.1〔\%〕 = 60〔\text{mL}〕×12〔\%〕$$

より，

$$x = \frac{60〔\text{mL}〕\times 12〔\%〕}{0.1〔\%〕} = 7200〔\text{mL}〕$$

となる。

なお，①を変形すると，

$$原尿量 = \frac{尿量 \times \boxed{尿中のイヌリン濃度}}{\boxed{血しょう中のイヌリン濃度}}$$

$$= 尿量 \times \boxed{イヌリンの濃縮率} \leftarrow$$

となるので，この形で覚えておいてもよいだろう。

> **Point** 原尿量の計算
>
> $$濃縮率 = \frac{尿中の濃度}{血しょう中の濃度}$$
>
> 原尿量＝尿量×イヌリンの濃縮率

問3　1時間にろ過された原尿（7200 mL）中に，ナトリウムは0.3%$\left(= \dfrac{0.3}{100}\right)$

の濃度で含まれ，1時間に排出された尿（60 mL）中には，0.35%$\left(= \dfrac{0.35}{100}\right)$

の濃度で含まれる。よって，

1時間にろ過されたナトリウム量は，$7200 \times \dfrac{0.3}{100} = 21.6〔\text{g}〕$

1時間に排出されたナトリウム量は，$60 \times \dfrac{0.35}{100} = 0.21〔\text{g}〕$

原尿へろ過された量のうち，細尿管で再吸収されなかった量が尿として排出される。

> **Point** 再吸収量
>
> 再吸収量＝ろ過量－排出量

よって，1時間当たりの再吸収量は，

（ろ過量）　　（排出量）

$21.6〔\text{g}〕 \quad - \quad 0.21〔\text{g}〕 \quad = 21.39 \quad \longrightarrow \quad 21.4〔\text{g}〕$

答　**問1**　120倍　　**問2**　7200 mL　　**問3**　21.4 g

肝臓の構造とはたらき

生物基礎 < 生物

　ヒトの肝臓は，1mm ほどの大きさで中心部分に ［ ア ］ を有する ［ イ ］ が約50万個集まってできており，1つの ［ イ ］ は約50万個の ［ ウ ］ により形成されている。肝臓に流出入している血管は，［ エ ］ と ［ オ ］ と ［ カ ］ である。心臓から出た血液量の約3分の1が，［ エ ］ と，消化管やひ臓から出た血管が合流した ［ オ ］ から肝臓に流入し，各 ［ イ ］ で ［ ア ］ に集まった血液が ［ カ ］ を経て心臓へと戻る。肝臓の主なはたらきとしては，(a)の貯蔵，血しょう中に含まれる ［ キ ］ の合成，［ ク ］ 作用，十二指腸に分泌されて脂肪の乳化を助ける ［ ケ ］ 汁の生成，［ コ ］ の維持などが挙げられる。

問 1　文中の ［ ア ］ ～ ［ コ ］ に適当な語句を答えよ。

問 2　［ オ ］ を流れる血液に特に多く含まれるものを，次から2つ選べ。

①　酸素　　　　②　二酸化炭素　　　③　尿酸

④　有機物　　　⑤　フィブリン

問 3　(a)に相応しい語句を3つ答えよ。

問 4　［ ク ］ 作用によって，アルコールが水と二酸化炭素に分解される前に，肝臓内で生じる物質名として適切なものを次から2つ選べ。

①　アセトアルデヒド　　　②　イヌリン　　　③　コレステロール

④　酢酸　　　　　　　　　⑤　無機塩類

問 5　［ ク ］ 作用によって，アンモニアは何という回路により何という物質に変換されるか，回路名と変換された物質名を答えよ。

問 6　［ ケ ］ 汁色素は何の分解産物であるか，答えよ。

(昭和大)

解説　**問 1**　血液は，肝動脈から肝臓に流れ込み，上方の心臓へ向かって肝静脈を通って流出する。各肝小葉では，周囲の肝門脈や肝動脈を流れる血液が合流し，類洞を通って求心的に中心静脈へ集まる。肝小葉では胆汁の合成も行われるが，胆汁は胆細管を通って遠心的に流れる。

問 2　**肝門脈は，消化管とひ臓からの毛細血管がまとまって肝臓へ向かう血管**で，静脈血が流れる。そのため，消化管からは**小腸で吸収したグルコースやアミノ酸などの有機物**が，ひ臓からは**ひ臓で破壊された赤血球の成分**が送られてくる。血液中の酸素は小腸で消費されているため，ほとんど含まれない。肝臓に供給される酸素は，心臓から直接流れてくる肝動脈によって供給される。

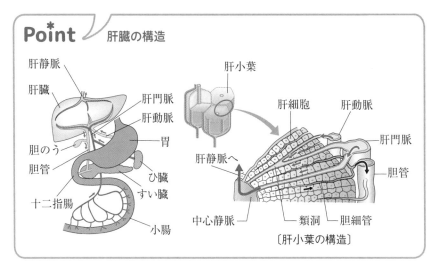

Point 肝臓の構造

〔肝小葉の構造〕

問3　肝臓は，小腸から送られてくるグルコースの一部をグリコーゲンとして肝細胞に貯蔵する。血糖量が低下したときにはグリコーゲンを分解してグルコースを血液中に放出し，**血糖量調節にはたらく**。このほかビタミンや鉄，**血液の貯蔵**にもはたらき，**循環する血流量を調節**する。

問4　アルコールの分解は次のように進む。

アルコール脱水素酵素　　　　　　　アセトアルデヒド脱水素酵素

アルコール ──────→ アセトアルデヒド ──────→ 酢酸

　　　アルコールを摂取したときに，顔が赤くなったり吐き気が起きたりするのはアセトアルデヒドが原因。酢酸は無害な物質で，血液に乗って全身を巡る間に水と炭酸へと分解され，体外へ排出される。

問5　**有害なアンモニアは**，尿素回路で**毒性の低い尿素へとつくり変えられる**。尿素は血液によって腎臓へ運ばれ，尿の成分として体外に排出される。

問6　ひ臓で破壊された赤血球の成分は，肝門脈を通って肝臓へ運ばれる。ヘモグロビンは分解されてビリルビンという脂溶性の物質になり，胆汁の成分となる。胆汁に含まれる胆汁酸は**脂肪の乳化**にはたらく。胆汁は肝臓でつくられた後，胆のうに運ばれて濃縮され，胆管から**十二指腸へと分泌**される。

答

問1　ア－中心静脈　イ－肝小葉　ウ－肝細胞　エ－肝動脈　オ－肝門脈
　　　カ－肝静脈　キ－タンパク質　ク－解毒　ケ－胆　コ－体温
問2　②，④　　問3　グリコーゲン，ビタミン，血液
問4　①，④　　問5　回路名：尿素回路　　物質名：尿素
問6　ヘモグロビン

18. 自律神経系とホルモン

神経系の構造とはたらき

生物基礎 < 生物

　ヒトの神経系は，中枢神経系と末梢神経系に大別される。中枢神経系には，脳と ア が含まれる。末梢神経系は，感覚器官や骨格筋を支配する イ 系と内臓や分泌腺を支配する ウ 系に分けられる。

問1　文中の空欄に入る最も適当な語句を，次からそれぞれ1つずつ選べ。

① 延髄　　　② 有髄神経繊維　　　③ 内分泌　　　④ 開放

⑤ 体性神経　　　⑥ 自律神経　　　⑦ 閉鎖　　　⑧ リンパ

⑨ 無髄神経繊維　　　⑩ 脊髄　　　⑪ 運動神経　　　⑫ 感覚神経

問2　脳に関する記述として誤っているものを，次から2つ選べ。

① 脳梁は，左右の大脳半球を連結する神経繊維の束のことである。

② 間脳は，視床と視床下部からなる。

③ 視床は，体内の状態を監視および制御する自律神経系の重要な中枢である。

④ 橋は，大脳と小脳をつなぐ神経繊維の通り道であり，運動の制御に関与している。

⑤ 中脳は，眼球運動や瞳孔反射，姿勢保持などに関与している。

⑥ 小脳は，脳幹の前側にあり，随意運動の中枢としてはたらく。

問3　右図はヒトの脳を示している。a～dはどの部位に該当するか，次から1つずつ選べ。

① 大脳　　　② 中脳　　　③ 小脳

④ 視床下部　　　⑤ 脳下垂体

⑥ 延髄　　　⑦ 脊髄

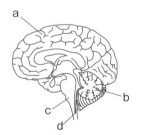

(大阪工大・宮城大)

　問1　神経系は，神経細胞(ニューロン)などの細胞により構成され，体内で情報を伝えるのにはたらく。ヒトの神経系は，脳と脊髄からなる**中枢神経系**と，そこから末梢へと延びる**末梢神経系**に分けられる。末梢神経系は**体性神経系**と**自律神経系**に分けられ，体性神経系は運動神経系と感覚神経系に，自律神経系は交感神経系と副交感神経系に分けられる。

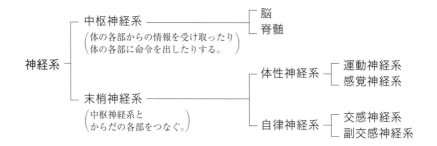

問2，3 ヒトの脳の構造と，各部位の機能は下図のようになっている。

大脳	感覚，随意運動，記憶，思考，感情などの中枢
間脳	視　　床：感覚神経の中継 視床下部：恒常性の中枢
脳梁	大脳の左半球と右半球を連結する神経繊維の束
中脳	姿勢保持や眼球運動などの中枢
小脳	筋肉運動の調節，平衡感覚の中枢
橋	大脳と小脳をつなぐ神経繊維の連絡路
延髄	呼吸，心拍など生命維持の中枢
脊髄	からだの各部と脳の連絡

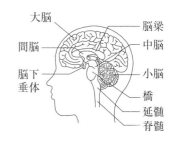

問2　③　体内の状態を監視および制御する自律神経系の重要な中枢としてはたらくのは，間脳の視床下部である。

　　⑥　**間脳・中脳・橋・延髄**をまとめて**脳幹**という。小脳は脳幹の後側に位置する。また，随意運動中枢は大脳である。

　問１　ア－⑩　イ－⑤　ウ－⑥
　　　　問２　③，⑥
　　　　問３　a－①　b－③　c－⑥　d－⑦

恒常性維持にはたらくしくみ

ヒトでは生体内の恒常性維持のしくみとして, (a)[ア]神経系による調節と, [イ]系のホルモンによる調節が重要である。[ア]神経系は, 交感神経と[ウ]神経からなる。

レーウィは, [ア]神経系による調節に関連して, 心臓拍動に関する実験を行った。2匹のカエルAとBの心臓を管でつなぎ, Aの心臓を通してBの心臓にリンガー液が流れるようにした。Aの心臓につながる[ウ]神経を電気刺激すると, Aの心臓の拍動数が減少した。その後少し遅れてBの心臓も同様に変化した。この結果から, レーウィはAの[ウ]神経の末端から分泌された物質がリンガー液とともにBの心臓へ移動し, Bの拍動数を減少させたと考えた。後にこの物質は[エ]であることが明らかになった。

ホルモンは, (b)[イ]腺で産生された後は血液中に放出され, 全身を循環する。ある特定のホルモンが作用を及ぼすのは, そのホルモンと特異的に結合する[オ]と呼ばれるタンパク質を有する標的細胞だけである。

[イ]系の指示系統の最上位にあるのが, 間脳の[カ]と, [カ]の下部に位置する[キ]である。これらは, 成長ホルモンや甲状腺刺激ホルモンなどさまざまなホルモンの分泌や調節に関与している。甲状腺から分泌される(c)チロキシンは, [カ]や[キ]による調節を受けている。

問1 文中の空欄に最も適切な語句を入れよ。

問2 下線部(a)に関して, 正しいものを次から2つ選べ。

① 腸のぜん動運動は, 意志と直接には無関係に調節されている。

② [ウ]神経はすべて脊髄から出ている。

③ 交感神経は中脳, 延髄, 脊髄の下部の仙髄から出ている。

④ 交感神経と[ウ]神経は, 多くの場合, ある器官に対して互いに拮抗する作用をもつ。

問3 下線部(b)に関して, [イ]腺に属する器官を次から3つ選べ。

① 汗腺　　　② すい臓のランゲルハンス島　　　③ 副甲状腺

④ 乳腺　　　⑤ 副腎　　　⑥ 唾液腺

問4 下線部(c)について, 次の(1)〜(3)の場合, (A)甲状腺刺激ホルモンと(B)チロキシンの分泌は, 正常に比べてどうなるか。①増加, ②変化なし, ③低下, からそれぞれ1つずつ選べ。同一番号を複数回選択してもよい。

(1) 合成チロキシンを過剰に飲んで, 血中濃度が上昇した場合。

(2) [キ]を手術で取り除いた場合。

(3) 左右両側の甲状腺を手術で取り除いた場合。

（立命館大・東北大）

 問2 ① ぜん動運動の調節にはたらく**自律神経系の中枢は**間脳で，意志の中枢である大脳ではない。正しい。

②，③ **交感神経はすべて**脊髄から出る。一方，**副交感神経は**中脳・延髄・**脊髄下部の仙髄から出ている**。ともに誤り。

④ 交感神経はからだを**活動に適した状態**に，副交感神経は**安静状態**にするときにそれぞれはたらき，拮抗的に作用するといえる。正しい。

問3 ② すい臓のランゲルハンス島は，A細胞からグルカゴン，B細胞からインスリンを分泌する。

③ 副甲状腺はCa²⁺濃度の調節にはたらくパラトルモンを分泌する。

⑤ 副腎は，皮質から糖質コルチコイドと鉱質コルチコイド，髄質からアドレナリンを分泌する。

問4 チロキシンは，体液中の濃度が一定範囲に収まるように，視床下部と脳下垂体前葉によるフィードバックによる調節を受けている（右図参照）。

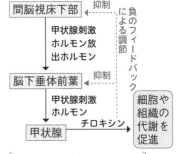

チロキシン分泌の負の
フィードバックによる調節

(1) 血中チロキシン濃度の上昇を感知した視床下部と脳下垂体前葉は，甲状腺刺激ホルモンの分泌量を**低下**させる。刺激を受けなくなった甲状腺からのチロキシン分泌量は**低下**する。

(2) 脳下垂体が取り除かれると，甲状腺刺激ホルモンが分泌されないため，刺激を受けなくなった甲状腺のチロキシン分泌量は**低下**する。

(3) チロキシンの内分泌腺である甲状腺が取り除かれると，血中チロキシン濃度は**低下**する。これを感知した視床下部と脳下垂体前葉は，チロキシン濃度を増加させるために甲状腺刺激ホルモンの分泌量を**増加**させる。

（答） **問1** ア－自律　イ－内分泌　ウ－副交感　エ－アセチルコリン
オ－受容体（レセプター）　カ－視床下部　キ－脳下垂体
問2 ①，④　　**問3** ②，③，⑤
問4 (1) (A)－③　(B)－③　　(2) (A)－③　(B)－③
(3) (A)－①　(B)－③

第7章 体内環境の維持

血糖量調節と糖尿病

生物基礎 生物

　ヒトの血液中に含まれるグルコースは血糖と呼ばれ，その含有量はほぼ一定に保たれている。激しい運動によって血糖量が減少すると，それを感知した視床下部は，｜　ア　｜神経を通じて，｜　イ　｜を刺激しアドレナリンを分泌させるとともに，すい臓を刺激し｜　ウ　｜を分泌させる。両者は血糖量を増加させる。(a)これらの他にも血糖量の増加にはたらくホルモンがある。一方，食事により血糖量が増加すると，それを感知した視床下部が，｜　エ　｜神経を通じてすい臓のランゲルハンス島の｜　オ　｜を刺激し，インスリンの分泌を促す。(b)インスリンが各々の組織や肝臓などにはたらくことによって，血糖量は減少し通常の値に戻る。このしくみがうまくはたらかないと，(c)血糖量が多くなりすぎて尿中にグルコースが排出され，糖尿病になる場合がある。

問1　文中の空欄にあてはまる最も適切な語句を記せ。

問2　下線部(a)の中には，どのようなホルモンがあるか，1つ答えよ。

問3　下線部(b)に関し，組織と肝臓それぞれについて，インスリンのはたらきを答えよ。

問4　インスリンのようなタンパク質性のホルモン(水溶性)の性質として適当なものを，次からすべて選べ。

① 細胞膜を通過できる　　　　② 細胞膜を通過できない

③ 受容体は細胞膜上にある　　④ 受容体は細胞内にある

⑤ ホルモンと受容体が結合すると，その複合体は核内のDNAと結合し，転写を調節する

⑥ ホルモンと受容体が結合すると，その複合体は近傍の酵素などを活性化し，細胞内シグナル伝達系を活性化する

問5　下線部(c)について，下図1はヒトの食事前後の血糖濃度(——)と血中のインスリン濃度(------)を調べたものである。

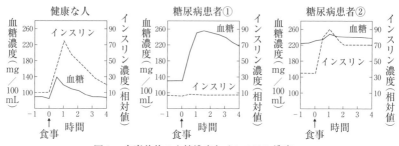

図1　食事前後の血糖濃度とインスリン濃度

この血糖濃度とインスリン濃度の変化の特徴から，図1の糖尿病患者①と②の原因はそれぞれ異なっていると考えられる。患者①と②の糖尿病について，考えられる原因をそれぞれ記せ。

（九州工大・自治医大）

 血糖量調節の中枢は間脳視床下部。

　　低血糖時には，交感神経を通じてすい臓ランゲルハンス島A細胞からグルカゴン，副腎髄質からアドレナリンの分泌が促進され，副腎皮質刺激ホルモンを介して副腎皮質から糖質コルチコイドの分泌が促進される。グルカゴンとアドレナリンは肝臓中のグリコーゲンを，糖質コルチコイドはタンパク質をそれぞれグルコースに変えるようにはたらき，血糖量を高める。

　　高血糖時には，副交感神経を通じてすい臓ランゲルハンス島B細胞からインスリンの分泌が促進される。インスリンは脂肪組織や筋組織でのグルコースの取り込み，グルコースの呼吸基質としての消費や，肝臓でのグリコーゲン合成を促進し，血糖量を低下させる。

問4　糖質コルチコイド，鉱質コルチコイドやチロキシンは脂溶性のため，リン脂質を主成分とする**細胞膜を通過して細胞内へ入り，細胞内の受容体と結合して，主に遺伝子発現の調節**にはたらく。

　　それら以外のほとんどのホルモンはタンパク質からなり水溶性のため，**細胞膜を通過できない。受容体は細胞膜にあり，**ホルモンが結合すると，細胞内でセカンドメッセンジャーが合成されてホルモンを受容したことが伝達される。水溶性ホルモンの主な機能は細胞内の酵素の活性化などである。

問5　患者①は血糖濃度が上昇してもインスリン濃度がほとんど上昇しないので，**インスリンの分泌不足**とわかる。患者②は食後インスリン濃度が上昇しても血糖濃度が高いままなので，**インスリン標的細胞側の異常**とわかる。

問1　ア－交感　イ－副腎髄質　ウ－グルカゴン　エ－副交感　オ－B細胞
問2　糖質コルチコイド
問3　組織：グルコースの取り込みと，グルコースの呼吸基質としての消費を促進する。
　　肝臓：グルコースからのグリコーゲン合成を促進する。
問4　②，③，⑥
問5　①：ランゲルハンス島B細胞が破壊されるなどの異常により，インスリンがほとんど分泌されない。
　　②：正常な受容体がつくられないなどの標的細胞の異常により，分泌されたインスリンの効果がない。

恒温動物では，外部環境の温度が変化しても体温をほぼ一定に保つ調節のしくみが発達している。外界の温度に対応して自律神経系とホルモンが連携し，体内での熱の発生と放出が調節されている。

ヒトの場合，寒いときには，皮膚で受けた寒冷刺激によって ア にある体温調節中枢が興奮し，それによって交感神経が刺激されて，立毛筋や体表の血管が イ するので，熱の ウ が減少する。また， エ が刺激されて甲状腺刺激ホルモンや オ が分泌される。その結果，具体的には カ や糖質コルチコイドの分泌が促進され， キ や肝臓の代謝活動が高まって熱の ク が増える。さらには交感神経の興奮によって ケ からアドレナリンが分泌されて心臓の拍動が コ される。

問1 上の文中の空欄に適する語句を，次から1つずつ選べ。

① 間脳視床下部 ② 間脳視床 ③ 収縮 ④ 弛緩
⑤ 放出量 ⑥ 発生量 ⑦ 脳下垂体後葉 ⑧ 脳下垂体前葉
⑨ 副腎髄質刺激ホルモン ⑩ 副腎皮質刺激ホルモン
⑪ チロキシン ⑫ 鉱質コルチコイド ⑬ 内臓筋 ⑭ 骨格筋
⑮ 甲状腺 ⑯ 副腎髄質 ⑰ 促進 ⑱ 抑制

問2 暑熱刺激があった場合に生体内でとられる対応を述べた次の文中の空欄に，適する語句をそれぞれ入れよ。

代謝活動を促進する各種のホルモンの分泌が サ され，汗腺に分布する シ 神経によって発汗が ス される。

(大阪医大)

問1 体温調節の中枢は，血糖量調節などと同様に**間脳視床下部**である。体温は，**発熱量と放熱量のバランス**をとることで調節されている。

寒冷時には発熱量を増加させ，放熱量を減少させる調節が行われる。

① **体内で最も発熱量が多いのは骨格筋**で，収縮に伴って発熱する。アドレナリン，チロキシン，糖質コルチコイドは**骨格筋の収縮を促進**する。

なお，このときの筋収縮は，拮抗筋(伸筋と屈筋のように，反対の動きをする筋肉)を同時に収縮させるために体は大きく動かず，収縮エネルギーはすべて熱となる。これが「ふるえ」である。

② **骨格筋に次いで発熱量が多いのは肝臓**で，**物質代謝に伴って発熱**する。

アドレナリン，チロキシン，糖質コルチコイドは，**肝臓の物質代謝を促進**する。

③　アドレナリンと交感神経は**心臓の拍動を促進**し，組織で産生された**熱は血液によって全身に運ばれる**。

④　交感神経により皮膚直下の**毛細血管は収縮**し，**放熱量を減少**させる。

⑤　交感神経により**立毛筋も収縮**する。羽毛をもつ鳥類や体毛が発達した哺乳類では，立毛筋を収縮させると，皮膚と冷たい空気の間に羽毛や毛による空気の層ができ放熱量を減少できるが，体毛をほとんどもたないヒトでは「鳥肌が立つ」だけで，あまり意味がない。

問2　**暑熱時には**，寒冷時とは逆に**発熱量を減少させ，放熱量を増加させる**調節が行われる。

①　アドレナリン，チロキシン，糖質コルチコイドの分泌量の減少と副交感神経により，**代謝熱の発生量が減少**する。

②　**交感神経からの刺激がなくなり，体表血管は拡張，立毛筋は弛緩**する。

③　**交感神経の作用で汗腺からの発汗が促進**され，気化熱により体表面からの**熱放散量が増大**する。

Po*int　体温調節

●寒冷時の調節

① **発熱量の増加**

　骨格筋の収縮（各種ホルモン）━━━→ ふるえ

　肝臓の代謝量増大（各種ホルモン＆交感神経）

　心拍数増加（アドレナリン＆交感神経）━━━→ 温熱の運搬促進

② **放熱量の減少**

　毛細血管と立毛筋の収縮（交感神経）━━━→ 顔面蒼白，鳥肌

●暑熱時の調節

① **発熱量減少**

　肝臓の代謝抑制，心拍数減少（副交感神経）

② **放熱量の増加**

　汗腺からの発汗（交感神経）

第7章　体内環境の維持

　問1　ア−①　イ−③　ウ−⑤　エ−⑧　オ−⑩　カ−⑪　キ−⑭
　　　ク−⑥　ケ−⑯　コ−⑰
　　問2　サ−抑制　シ−交感　ス−促進

第8章　動物の反応と調節

19. 神 経 系

ニューロンの構造と興奮の伝わり方

生物

　ニューロンは，核が存在する細胞体とこれから伸びた1本の長い突起である　ア　および枝分かれした多数の短い突起である　イ　からなる。末梢神経系では　ア　の多くはシュワン細胞からなる　ウ　に包まれ，　ア　と　ウ　により神経繊維が形成される。神経繊維にはシュワン細胞が幾重にも巻き付いた　エ　をもつ　オ　と　エ　がない　カ　がある。　オ　には0.05～1.0mmごとにランビエ絞輪があり，この部位には　エ　は存在しない。ニューロンの末端部は他のニューロンの細胞体や　イ　，効果器の細胞などとわずかな隙間を介して接しており，この部分をシナプスと呼ぶ。シナプス前細胞の末端部には多数のシナプス小胞が存在する。シナプス前細胞の電気信号が　ア　末端に到達すると，その終末部にある電位依存性　キ　チャネルが開き，　キ　イオンが流入する。これがきっかけとなって，シナプス前細胞からシナプス小胞に含まれていた神経伝達物質が放出され，シナプス後細胞の膜上の　ク　へ結合し，興奮が伝えられる。

　興奮性シナプスではシナプス前細胞の終末部から，興奮性神経伝達物質が放出される。放出された興奮性神経伝達物質がシナプス後細胞膜に存在する　ク　に結合することで，リガンド依存性　ケ　チャネルが開き，　ケ　イオンが流入する。その結果，シナプス近傍の局所では静止電位から　コ　の方向へ膜電位が変化する。一方，抑制性シナプスでは，放出された抑制性神経伝達物質はリガンド依存性クロライドチャネル（Cl⁻チャネル）を開く。その結果，シナプス近傍の局所では静止電位から　サ　の方向へ膜電位が変化する。

問1　上の文中の空欄に適切な語句を入れよ。

問2　　オ　と　カ　では興奮の伝導速度が異なり，　オ　の方が速い。

（1）　この伝導速度を速めるしくみを何と呼ぶか答えよ。

（2）　このしくみは　エ　の性質によるものである。その性質について10字以内で説明せよ。

（三重大・東京医大）

問 1 　神経組織は，興奮を伝えるニューロン（神経細胞）と，それ
を取り囲むグリア細胞（神経膠細胞）とからなる。中枢神経では
オリゴデンドロサイトが，末梢神経ではシュワン細胞がグリア細胞となる。

　グリア細胞でできた薄い皮膜を神経鞘という。神経鞘が巻きついてできた
髄鞘をもつ有髄神経繊維と，髄鞘がない無髄神経繊維とがある。有髄神経繊
維の，髄鞘がなく軸索がむき出しになった部分をランビエ絞輪という。

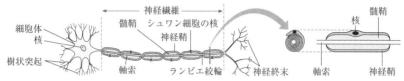

　電位依存性チャネルは，膜電位変化により構造変化して，物質の透過性を
変える。軸索末端にある電位依存性 Ca^{2+} チャネルに興奮が達すると，チャ
ネルが開き，Ca^{2+} が軸索内に流入する。**Ca^{2+} はシナプス小胞と軸索末端の
細胞膜を融合させて**，シナプス小胞内の神経伝達物質をシナプス間隙に放出
（エキソサイトーシス）させる。放出された神経伝達物質は，シナプス後細胞
の細胞膜上にある受容体に結合する。

　リガンド依存性チャネルは，特定の物質（リガンド）の結合により構造変化
して，物質の透過性を変える。シナプス後細胞の細胞膜上にあるリガンド依
存性チャネルは，**神経伝達物質が結合するとチャネルを開く**。

興奮性神経伝達物質：シナプス後細胞に，**正の電荷をもった Na^+ の流入を**
　　起こす。それにより，シナプス後細胞の膜電位は**正の方向へ変化**（脱分極）
　　し，**活動電位が起こりやすくなる**。アセチルコリンやグルタミン酸など。

抑制性神経伝達物質：シナプス後細胞に，**負の電荷をもった Cl^- の流入など**
　　を起こす。それにより，シナプス後細胞の膜電位はより**負の方向へ変化**（過
　　分極）し，**活動電位が起こりにくくなる**。γ-アミノ酪酸（GABA）やグリシ
　　ンなど。

問 2 　ランビエ絞輪の膜には電位依存性 Na^+ チャネルが高密度で分布してい
　　て，1カ所のランビエ絞輪が興奮すると，電流は**絶縁性である髄鞘**を飛び越
　　えて隣のランビエ絞輪を興奮させる。これが跳躍伝導で，**伝導速度は極めて
　　大きい**。

答 　**問 1** 　ア−軸索　イ−樹状突起　ウ−神経鞘　エ−髄鞘
　　　　オ−有髄神経繊維　カ−無髄神経繊維　キ−カルシウム
　　　　ク−受容体（レセプター）　ケ−ナトリウム　コ−正　サ−負
　　問 2 　(1)　跳躍伝導　(2)　絶縁性である。(7字)

第 8 章　動物の反応と調節

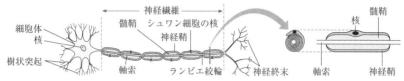

問題 77 膜電位とその変化

　静止状態にあるニューロンでは細胞膜上のナトリウムポンプのはたらきにより細胞内へ　ア　イオンが取り込まれ，逆に　イ　イオンは細胞外へ汲み出される。また，静止状態では，細胞内が一定の負電位に達するとイオンの出入りは見かけ上止まり，この時の細胞内外の電位差を静止電位と呼ぶ。

　ニューロンに刺激が加わると刺激部位の細胞膜上に存在する電位依存性　ウ　チャネルが開き，細胞内へ　ウ　イオンが流入して活動電位が発生する。　ウ　チャネルは短時間で閉じ，代わりに電位依存性　エ　チャネルが開き，　エ　イオンが細胞外へ流出して細胞内の電位は負となる。その後，ナトリウムポンプのはたらきにより細胞内外の電位差は再び静止状態と同じにまで戻る。

問 1　上の文中の空欄に適切な語句を入れよ。同じ語を繰り返し用いてよい。

問 2　下線部について，静止電位が負の値を示す理由は，細胞膜上に存在する　オ　から　カ　が　キ　によって細胞外へ流出しているためである。文中の空欄に適する語を次から 1 つずつ選べ。

① K^+ チャネル　　② Na^+ チャネル
③ Na^+　　④ K^+
⑤ 拡散　　⑥ 能動輸送

問 3　図 1 は細胞内の電位変化と時間との関係を示すものである。

(1)　図 1 における活動電位の大きさの最大値 (mV)を答えよ。

(2)　図 1 の電位変化が得られた刺激の 2 倍の強さの刺激を加えた場合，活動電位の大きさと発生頻度はそれぞれどうなるか。

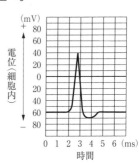

図 1　刺激を加えた後の細胞内電位変化と時間との関係

（三重大）

問 1, 2　軸索の細胞膜には，能動輸送を行うナトリウムポンプのほか，電位依存性 Na^+ チャネル，電位依存性 K^+ チャネル，電位変化に依存せず常に開いている K^+ チャネル（リーク K^+ チャネル）が存在する。リークとは，漏洩のこと。

静止電位の発生：ナトリウムポンプはエネルギーを使って，Na^+ を細胞外へ，K^+ を細胞内へ能動輸送する。そのため，細胞膜を介して Na^+ と K^+ の濃

度勾配が生じる。細胞膜にはリークK⁺チャネルが多く存在し，K⁺は濃度勾配に従って細胞外へ流出(拡散)する。その結果，細胞外に陽イオンが多くなり，**細胞外は正(＋)に，細胞内は負(－)に帯電する。** 細胞膜外を基準(0mV)とすると膜内は－50～－90mVで，この電位差を**静止電位**という。

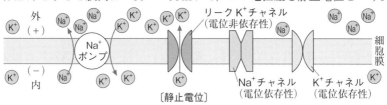

活動電位の発生：電気刺激で電位依存性Na⁺チャネルが開き，**Na⁺は濃度勾配に従って細胞内へ流入**する。その結果，細胞内に陽イオンが多くなり，**細胞外は負(－)に，細胞内は正(＋)に帯電する。** 電位依存性Na⁺チャネルはすぐ閉じ，少し遅れて電位依存性K⁺チャネルが開く。K⁺が細胞外へ流出し，静止状態に戻る。この膜電位変化が活動電位で，最大約100mV。

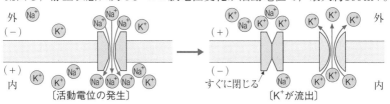

Point 静止電位と活動電位

静止電位：リークK⁺チャネルを通り，K⁺が細胞外へ流出して発生。
活動電位：電位依存性チャネルを通り，Na⁺が細胞内へ流入して発生し，
　　　　　　K⁺が流出して元に戻る。

第8章 動物の反応と調節

問3 (1) 図1の静止状態の膜電位は－60mV，興奮発生時の膜電位は最大で＋40mV。活動電位は**膜電位変化の大きさ**なので，60＋40＝100mV。

(2) 1本のニューロンでは全か無かの法則が成立し，閾値未満の刺激ならば興奮は発生せず，閾値以上の刺激ならば，**刺激の大きさによらず一定の大きさの活動電位が生じる。** 刺激の大きさの大小は，**興奮の発生頻度**に置き換えられ，**刺激が大きいと発生頻度も大きくなる。**

答

　問1 アーカリウム　イーナトリウム　ウーナトリウム　エーカリウム
　問2 オー①　カー④　キー⑤　**問3** (1) 100mV
　(2) 活動電位の大きさ：変わらない　　発生頻度：大きくなる

膜電位変化のグラフ

生物

　カエルの座骨神経を用いて，興奮伝導に関する実験をした。下図に実験装置を模式的に示した。オシロスコープ(電位差計)(A〜C)の２本の電極をどちらもニューロンの細胞膜表面につけて，刺激電極(S1，S2)に閾値以上の刺激を与えたときの電位変化を測定した。ただし，オシロスコープは電極A1，B1，C1に対して電極A2，B2，C2がそれぞれ基準となっている。

問１　S2に刺激を与えたとき，オシロスコープBで記録される膜電位変化のグラフを，次の①〜⑥から１つ選べ。

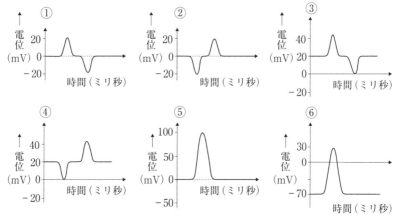

問2　S2に刺激を与えたとき，オシロスコープA，オシロスコープCで記録される膜電位変化のグラフはどのようになるか。次から１つずつ選べ。

①　問１で選んだグラフと同じ波形が，問１より早く生じる。

②　問１で選んだグラフと同じ波形が，問１と同時に生じる。

③　問１で選んだグラフと同じ波形が，問１より遅く生じる。

④　問１で選んだグラフと上下が逆の波形が，問１より早く生じる。

⑤　問１で選んだグラフと上下が逆の波形が，問１と同時に生じる。

⑥　問１で選んだグラフと上下が逆の波形が，問１より遅く生じる。

⑦　電位変化は見られない。

問3　S1，S2に同時に閾値以上の刺激を与えたとき，オシロスコープBで

記録される膜電位変化のグラフはどのようになるか。次から1つ選べ。

① 問Ⅰで選んだグラフと同じ波形が生じる。

② 問Ⅰで選んだグラフと同じ波形が，2度生じる。

③ 問Ⅰで選んだグラフより大きい波形が，1度生じる。

④ 電位変化は見られない。

解説 問Ⅰ　オシロスコープは2本の電極の一方が基準電極，他方が記録電極で，2カ所の電位差を，**基準電極を基準（ゼロ）としたとき**の記録電極の電位の値（mV）として示す。S2に刺激を与えると，生じた興奮（膜電位変化）は電極B1，B2の順に通過する。その前後の様子は次の通り。

① 両電極とも静止状態で，2カ所の**電位差はない。**

② 記録電極部が興奮状態となり，電位差が生じる。**基準電極部に比べ，記録電極部の方が電位は低い**（→グラフは**負**（−），下に凸となる）。

③ 基準電極部が興奮状態となり，電位差が生じている。**基準電極部に比べ，記録電極部の方が電位は高い**（→グラフは**正**（＋），上に凸となる）。

④ 両電極とも静止状態で，2カ所の**電位差はない。**

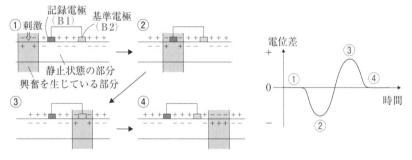

問2　伝導は軸索上を**両方向**へと伝わるが，伝達は軸索末端側から細胞体側への**一方向**のみに伝わる。これは**シナプス小胞が軸索末端側にしかなく**，かつ，神経伝達物質が結合する**受容体が細胞体側の細胞膜にしか存在しないため。**

　　S2に生じた興奮は右側のニューロンに伝達されるので，問Ⅰと同じ波形が問Ⅰより遅く記録される。左側のニューロンには興奮は伝達されない。

問3　**軸索上で両方向から衝突した興奮は，互いに消失する。**S1とS2に刺激を与えると，S1から右へ伝導した興奮とS2から左へ伝導した興奮が衝突して消失する。オシロスコープBに達するのはS2から右へ伝導した興奮のみ。

答 問Ⅰ　②　　問2　A−⑦　C−③　　問3　①

神経系と反射

　ヒトの神経系は中枢神経系と末梢神経系からなる。中枢神経を構成しているのは脳と脊髄であり，発生学的には　ア　に由来する。末梢神経は　イ　系と　ウ　系に分けられる。　イ　は，器官や血管に分布して器官の活動を調節している。　ウ　は　エ　と　オ　からなる。ヒトでは，外界からの刺激により生じた興奮は　エ　を介して脳に伝えられ，脳からの命令は　オ　を介して効果器へ伝えられる。また，(a)刺激に対して意識とは無関係に起こる反応がある。これを反射という。

問1　上の文中の空欄に入る語を，次から1つずつ選べ。
① 外胚葉　　② 中胚葉　　③ 内胚葉　　④ 間脳
⑤ 中脳　　⑥ 運動神経　　⑦ 感覚神経　　⑧ 自律神経
⑨ 体性神経

問2　熱いものに触ると瞬間的に手を引っ込める(1)反射の名称と，その(2)伝達経路はどれか。正しいものを次の解答群のうちから1つずつ選べ。

(1)　反射の名称
① 延髄反射　　② 屈筋反射　　③ 膝蓋腱反射
④ 条件反射　　⑤ 中脳反射

(2)　伝達経路
① 皮膚の感覚細胞→感覚神経→背根→脊髄→介在神経→腹根→運動神経→筋肉
② 皮膚の感覚細胞→感覚神経→腹根→脊髄→介在神経→背根→運動神経→筋肉
③ 皮膚の感覚細胞→感覚神経→延髄→運動神経→筋肉
④ 筋紡錘→感覚神経→背根→脊髄→腹根→運動神経→筋肉
⑤ 筋紡錘→感覚神経→腹根→脊髄→背根→運動神経→筋肉

問3　下線部(a)に関する記述として，誤っているものを次から2つ選べ。
① 刺激に慣れても消失しない。
② 睡眠中には起こらない。
③ 動物に生まれつき備わっている神経のしくみ。
④ 膝のすぐ下をたたくと足が跳ね上がる反応。
⑤ 不意に水が顔にかかると思わず目をつぶる反応。

問4　以下のア～クのヒトの脳のはたらきについて，それらの中枢が存在する脳の部分はどこか，それぞれ答えよ。

ア．眼球運動，瞳孔の調節　　　イ．感覚，随意運動

ウ．呼吸，心臓拍動　　　　　　エ．体温，摂食，睡眠など

オ．身体の平衡の保持　　　　　カ．せき，かむ，飲み込む運動

キ．筋肉運動の調節　　　　　　ク．姿勢保持，立直り反射

（神戸女大・法政大）

 解説 問2 （1）特定の刺激に対して意思とは無関係に起こる反応を反射といい，大脳以外の中枢神経が中枢となる。興奮は，**受容器→感覚神経→反射中枢→運動神経→効果器**という伝達経路（反射弓）で伝わる。屈筋反射(熱い物に触れると手を引っ込める)は，膝蓋腱反射(膝の関節のすぐ下を軽く叩くと足が跳ね上がる)と同じく脊髄が中枢。

（2）手や足の受容器に生じた興奮は，背根を通る感覚神経により脊髄に入る。脊髄反射を引き起こす刺激の場合は脊髄で運動神経に伝えられ，腹根を通って脊髄から出て効果器(筋肉)に伝わる。屈筋反射の経路は①だが，膝蓋腱反射の経路は④で，受容器は特殊な筋繊維からなる筋紡錘である。

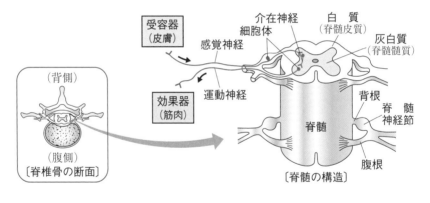

〔脊椎骨の断面〕　〔脊髄の構造〕

 答 問1　ア－①　イ－⑧　ウ－⑨　エ－⑦　オ－⑥

問2　（1）②　　（2）①　　問3　①，②

問4　ア－中脳　イ－大脳　ウ－延髄　エ－間脳　オ－小脳　カ－延髄

キ－小脳　ク－中脳

第8章 動物の反応と調節

問題 80　20. 受容器

眼の構造 生物

ヒトの光の受容について以下の問いに答えよ。

角膜－水晶体－ガラス体を透過した光は，網膜に投影され，網膜上にある視細胞により受容される。視細胞は，光に対する応答性と形の違いから ア と イ の2つに区別できる。 ア には主に吸収する光の波長が異なる色素をもつ3種類があり，これらの細胞は， ウ と呼ばれる視軸の中心部付近に多く存在している。視細胞で感知された光情報は，連絡神経細胞を介して視神経細胞へと受け渡される。視神経細胞の エ は，網膜上の一箇所に集まり，束となって網膜を貫き，脳へと接続する。この場所は， オ と呼ばれ，視細胞が存在していないため，光の受容ができない。

問1 文中の空欄に適切な用語を入れよ。

問2 右図1は，ヒト視細胞の波長感受性を示したものである。

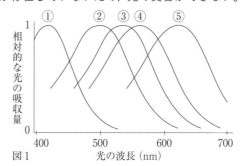

図1　光の波長 (nm)

(1) ア の視細胞の波長感受性に相当するものを①〜⑤からすべて選べ。

(2) イ の視細胞の波長感受性に相当するものを①〜⑤からすべて選べ。

問3 網膜上の オ の位置を調べるために以下の実験を行った。被験者の眼球の直径を 25 mm とした場合，以下の(1)，(2)に答えよ。

記録用紙(右図2)を，＋印(注視点)が被験者の右目の真正面 50 cm の位置にくるように固定する。被験者

図2

は，左目を閉じ，注視点を右目で見つめる。試験者は，被験者に注視点を見つめさせたまま，指示棒を注視点から右に動かし，指示棒の先端が被験者から見えなくなった位置Aと再び見え始めた位置Bを記録した。その結果，Aは注視点から 8 cm の位置に，Bは，注視点から 11.2 cm の位置にあることがわかった。

(1) 被験者における， ウ の中心と オ の中心との距離に最も近い値を次から1つ選べ。

① 2.4mm　　② 4.8mm　　③ 5.6mm　　④ 9.6mm

(2)　| オ |　の直径に最も近い値を次から1つ選べ。

① 1.0mm　　② 1.2mm　　③ 1.4mm　　④ 1.6mm

問1, 2　網膜に存在する視細胞には，明暗を識別する棒状の桿
体細胞と，明暗と色を識別する円錐状の錐体細胞とがある。

　ヒトは，光の色（波長）により感度が異なる**3種類の錐体細胞**をもつので色
の違いを区別できる。3種類の錐体細胞は，青錐体細胞，緑錐体細胞，赤錐体
細胞と呼ばれ，それぞれ**430nm**，**530nm**，**560nm**付近の波長をよく吸収す
る。脳では3種類の錐体細胞の興奮の度合いにより色を認識する。**桿体細胞**
は**500nm**付近の波長をよく吸収する1種類だけで色の違いは識別できない。

問3　視細胞は，網膜中の脈絡膜側（眼
球の外寄り）に位置する。光を受容
して生じた興奮はガラス体側（眼球
の内寄り）の連絡神経細胞，更に視
神経細胞へと伝達される。視神経細
胞は網膜上の黄斑よりも鼻側に位置
する1点に集まり，網膜を貫く形で
眼球の外に出る。この部位が盲斑で，

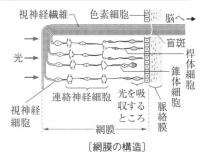

〔網膜の構造〕

視神経繊維が貫いているので視細胞が存在せず，光を受容できない。

　注視点（＋）を右眼で見つめると，その像は右眼の黄斑に結像する。注視点
から右に8cm～11.2cmの範囲で支持棒が見えなくなったのは，その範囲
が盲斑に結像しているため。よって，黄斑の中心から盲斑の端までを
$x$mm，盲斑の直径を$y$mmとすると，以下のようになる。

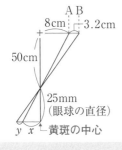

$50 : 8 = 25 : x$　∴　$x = 4$mm
$50 : 3.2 = 25 : y$　∴　$y = 1.6$mm
∴　**盲斑の直径**　1.6mm
　　黄斑の中心～盲斑の中心　4.8mm

答　**問1**　ア－錐体細胞　イ－桿体細胞　ウ－黄斑　エ－軸索　オ－盲斑
　　　問2　(1) ①, ③, ④　　(2) ②　　**問3** (1) ②　　(2) ④

第8章 動物の反応と調節

視交さ

被験者の正面に9本のロー
ソクが等間隔で並べられてい
る。向かって左端のローソク
を①，右端のローソクを⑨と
したとき，被験者が眼球を動
かさずに正面をみると，②〜
⑧が見える。また，このとき，
左眼を閉じると③〜⑧だけ
が，右眼を閉じると②〜⑦だ
けが見える。ただし，被験者
は，眼球を動かさずに正面を
見ることとする。

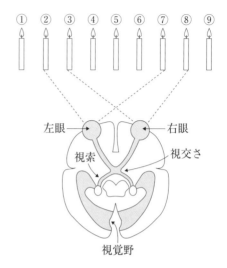

問1 右眼を閉じたときに被
験者の左脳の視覚野に提示
されるローソクの像はどれか。①〜⑨からすべて選べ。

問2 被験者の視交さにおいて，交さしている神経繊維のみが切断された場
合，被験者が見ることができるローソクはどれか。①〜⑨からすべて選べ。

問3 被験者の左脳の視索が切断された場合，左眼のみで見ることができる
ローソクはどれか。①〜⑨からすべて選べ。

解説　　瞳孔から眼に入った光は，**網膜上に上下左右が逆になった倒立
像を結ぶ。**

いま，被験者の左眼網膜には②〜⑦が結像しており，左眼正面には④が位置
している。また右眼網膜には③〜⑧が結像しており，右眼正面には⑥が位置し
ている。網膜上で倒立像となることに注意して，網膜上のローソクが結像して
いる位置を図示すると，次ページの図のようになる。

網膜で受容された刺激は，視神経によって盲斑を通り，眼球の外へ出て大脳
へと伝えられるが，**視神経は大脳に入る前に交さする。**両眼の内側（鼻側）網膜
から出た視神経は，交さして反対側の視索へ入る。外側（耳側）網膜から出た視
神経は，交ささせずにそれぞれの側の視索へ入る。

問1　左脳には右眼から⑦⑧，左眼から④⑤⑥⑦の情報が伝わっている。右眼

を閉じると，左眼からの情報だけが伝わるので，④⑤⑥⑦が正解となる。

問2　視交さの部分が切断されると，左脳には右眼からの情報が伝わらないため④⑤⑥⑦の情報のみが伝わり，右脳には左眼からの情報が伝わらないため③④⑤⑥の情報のみが伝わる。よって，両眼では③④⑤⑥⑦が見えることになる。

問3　まず，左眼だけで見ることができるローソクは②〜⑦。このうち④〜⑦は左脳の視索を通るため，切断されると情報が伝わらなくなり見えなくなる。よって，見ることができるローソクは②，③のみとなる。

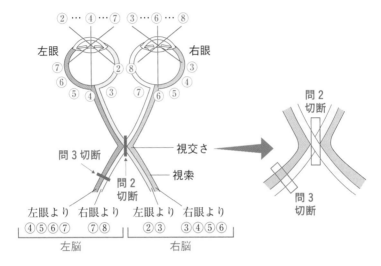

答　**問1**　④，⑤，⑥，⑦　　**問2**　③，④，⑤，⑥，⑦　　**問3**　②，③

遠近調節・明暗調節

ヒトの眼は光を受容する視覚器であり，(a)明暗順応，(b)遠近調節，また，眼に入る(c)光量の調節などのはたらきが備わっている。

問1 下線部(a)について，暗い所から急に明るい所に出ると，まぶしくて物が見えにくい。次のうち，見えにくくなる現象の理由として正しいものをすべて選べ。

① ある視細胞内の色素が不足しているため。

② ある視細胞内の多量の色素が急激に分解されるため。

③ ある視細胞内の色素が急に合成されるため。

④ ある視細胞が過度に興奮するため。

⑤ ある視細胞の感度が急に上がるため。

問2 下線部(b)について，次の文は近くを見るときの調節を述べている。文中の{　}の中から，それぞれ正しいものを1つずつ選べ。

毛様筋が{ア．①収縮，②弛緩}してチン小帯が{イ．①緊張し，②緩み}，水晶体が{ウ．①厚く，②薄く}なり，焦点距離が{エ．①短く，②長く}なる。

問3 下線部(c)について，光量は虹彩によって調節されている。

(1) 虹彩には，輪状の瞳孔括約筋と，放射状の瞳孔散大筋がある。光量調節について正しい記述を次からすべて選べ。

① 光の量が少ないときは，瞳孔散大筋が収縮する。

② 光の量が少ないときは，瞳孔括約筋が収縮する。

③ 光の量が多いときは，瞳孔散大筋が収縮する。

④ 光の量が多いときは，瞳孔括約筋が収縮する。

(2) 光量調節の反射の名称と，反射中枢となる中枢神経の名称をそれぞれ答えよ。

（大阪医大）

問1 視細胞は光を吸収する視物質（感光物質）をもつ。桿体細胞の視物質はロドプシンで，光を吸収するとロドプシンの構造が変化して桿体細胞の興奮が起こる。構造変化したロドプシンは分解され，ロドプシン濃度は減少する。急に明るい所に出ると見えにくくなるのは，**強光によってロドプシンが急激に分解され，桿体細胞が過度に興奮する**ため。よって②，④が正解。この後，ロドプシン濃度の低下に伴って桿体細胞の感度は低下し，同程度の光を受けてもまぶしいと感じなくなる。この一連の現

象が明順応である。

　一方，暗い所に入ると見えにくくなるのは，ロドプシン濃度が低く桿体細胞の感度が低いため。その後しばらくすると見えるようになるのは，ロドプシンの再合成が進んで高濃度になり，**桿体細胞の感度が上がる**ためである。この一連の現象が暗順応である。

問2　毛様体は水晶体を取り囲む構造で，チン小帯は毛様体と水晶体とをつないでいる。毛様体の中の筋肉である毛様筋**が収縮**すると，毛様体**は前進し**，チン小帯**が緩む**。水晶体はそれ自身の弾性によって球形に向かって膨らみ，**厚みを増す**。その結果，焦点距離が短くなり，近くの物体に焦点が合う。

近くを見る時	遠くを見る時
水晶体(厚い)	水晶体(薄い)
毛様筋(収縮)　チン小帯(緩む)	チン小帯(緊張)
〔遠近調節〕	毛様筋(弛緩)

> ## Po*int　遠近調節のしくみ
> **近くを見る時**：毛様筋収縮→毛様体前進→チン小帯緩む→水晶体厚くなる
> **遠くを見る時**：毛様筋弛緩→毛様体後退→チン小帯緊張→水晶体薄くなる

問3　眼の中に入る光量を調節する瞳孔反射の中枢は，中脳にある。

　暗い時には瞳孔散大筋**が収縮**し，虹彩の幅**が狭くなり**，瞳孔**が大きくなって**眼に入る光量を増加させる。よって①が正しい。瞳孔散大筋は，交感神経からのノルアドレナリンにより収縮する。

　明るい時には瞳孔括約筋**が収縮**し，虹彩の幅**が広がり**，瞳孔**が小さくなって**眼に入る光量を減少させる。よって④が正しい。瞳孔括約筋は，副交感神経からのアセチルコリンにより収縮する。

> ## Po*int　瞳孔反射(中脳が中枢)
>
> **瞳孔括約筋**：副交感神経からのアセチルコリンで収縮。
> 　　　明所で収縮 → 虹彩幅が広がり，縮瞳し，光量低下。
> **瞳孔散大筋**：交感神経からのノルアドレナリンで収縮。
> 　　　暗所で収縮 → 虹彩幅が狭まり，散瞳し，光量増大。

答　**問l**　②，④　　**問2**　ア－①　イ－②　ウ－①　エ－①
　　　問3　(l)　①，④　　(2)　名称：瞳孔反射　中枢：中脳

問題 83　耳の構造と機能

　音の刺激による感覚を(a)聴覚といい，ヒトの耳には，音の刺激を受け取る聴覚器としてのはたらきと，平衡感覚器としてのはたらきとがある。

　聴覚器としてはたらく場合，音はまず耳殻で集められ，外耳道を通り，鼓膜を振動させる。その振動は，耳小骨によって増幅され，内耳に伝えられる。この振動がリンパ液を伝わって基底膜を振動させると，基底膜の上にある　ア　の聴細胞が刺激される。また，耳管には，鼓膜内外の圧力差を生じなくさせ，音を伝えやすくするしくみが備わっている。

　一方，平衡感覚器としては，前庭と半規管がはたらく。前庭には，感覚毛をもった感覚細胞があり，体が　イ　すると，前庭の中の　ウ　が動いて感覚細胞が刺激され，それにより体の　イ　を感知することができる。また，半規管にも感覚細胞がある。体が　エ　すると，半規管の中の　オ　が動き，体の　エ　を感知することができる。

問1　下線部(a)に関連する記述として誤っているものを，次から1つ選べ。

①　音波が伝わってくると，聴細胞の毛が動かされ，聴細胞が興奮する。

②　聴細胞に生じた興奮が，聴神経を経て大脳に伝わる。

③　聴覚の中枢は，大脳の髄質(白質)にある。

④　音の高低の違いにより，異なる部位の基底膜が振動する。

⑤　適刺激となる音の振動数の範囲は，動物によって異なることがある。

問2　ヒトの耳の構造を図1に示した。耳管および前庭を，図中のa～fから1つずつ選べ。

問3　文中の空欄に入る語句を，次から1つずつ選べ。

①　コルチ器　　　②　リンパ液

③　鼓室階　　　　④　うずまき細管

⑤　平衡石(耳石)　　⑥　前庭階　　　⑦　回転　　　⑧　傾斜

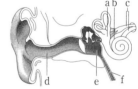

図1　ヒトの耳の構造

(センター試験)

解説　**問1，2**　耳の構造は次ページの図のようになっている。

　①，②　基底膜の上には，聴細胞とその上のおおい膜などからなるコルチ器が存在する。聴細胞は感覚毛をもつ有毛細胞で，基底膜が振動して感覚毛がおおい膜に触れると聴細胞に興奮が生じる。この興奮が聴神経を経て大脳に伝えられると聴覚が生じる。正しい。

③　大脳は外側(皮質)が細胞体の多い灰白質，内側(髄質)が軸索の多い白質で，感覚や記憶，意思などは皮質に中枢がある。誤り。

④　基底膜の幅は，うずまき管の入り口(耳小骨)ほど狭く，奥(頂部)ほど広い。音の高さによって基底膜の振動する位置が異なり，**振動数が小さい音(低音)ほど奥側を，振動数が大きい音(高音)ほど入口側を振動させる。**よって音の高さごとに異なる聴細胞が興奮し，大脳はどの位置の聴細胞が興奮したのかを認識して音の高さを識別する。正しい。

⑤　動物の種類により，受容できる振動数の範囲は大きく異なる。ヒトは**20～20000 Hz**（Hz は 1 秒間の振動数）の音を，コウモリやイルカは，ヒトが認識できない 20000 Hz 以上の音(超音波)を認識できる。正しい。

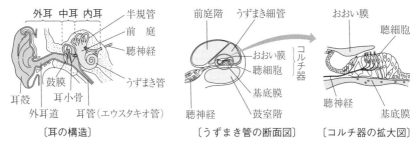

〔耳の構造〕　　　　〔うずまき管の断面図〕　　　〔コルチ器の拡大図〕

問3　前庭は**体の傾き**(重力方向)の受容にはたらく。体が傾くと平衡石が動いて感覚毛が曲がり，感覚細胞が興奮して傾きの方向や度合いを受容する。

　　半規管は**体の回転**の受容にはたらく。体が回転するとリンパ液に流れが生じ，半規管の中の感覚細胞の感覚毛が曲げられ，感覚細胞が興奮して回転の方向や速度などが受容される。

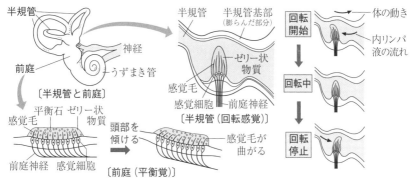

〔半規管と前庭〕

〔半規管(回転感覚)〕

〔前庭(平衡覚)〕

第8章 動物の反応と調節

答　問1　③　　問2　耳管−f　前庭−a
　　問3　ア−①　イ−⑧　ウ−⑤　エ−⑦　オ−②

21. 効 果 器

筋肉の構造と収縮のしくみ
生物

　図1は骨格筋の筋原繊維構造を模式的に示したものである。(a)骨格筋の特徴である周期的な横縞(横紋)は,暗帯と明帯が交互に繰り返すことによって形成される。筋原繊維を構成するPとQはそれぞれ　ア　フィラメントおよび　イ　フィラメントと呼ばれ,Z膜とZ膜の間を示すRは筋原繊維の構造上の単位で　ウ　と呼ばれる。骨格筋が収縮するためには　ア　フィラメントに　イ　フィラメントの一部である　イ　頭部が結合する必要がある。この結合はカルシウムイオン(Ca^{2+})によって制御されており,Ca^{2+}濃度が極めて低い時には,　エ　というタンパク質によって　イ　頭部は　ア　フィラメントに結合することができない。しかし,運動神経の軸索末端から放出された　オ　によって興奮が骨格筋に伝わると,　カ　から放出された Ca^{2+} が　キ　と結合し,　イ　頭部が　ア　フィラメントに結合できるようになる。その結果,　イ　フィラメントの間に　ア　フィラメントが滑り込み,筋収縮が起こる。

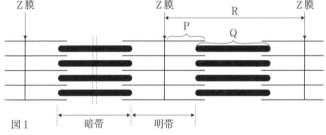

図1

問1　文中の空欄に適語を入れよ。

問2　下線部(a)に関して,骨格筋の横紋の幅と張力との関係を図2に示した。図1のRが左右に広がって両フィラメントの重なりがなくなった時の張力は0%であった。また,図1中の2本の破線で示される部分(暗帯の中央部)は　イ　頭部がない領域で,その幅は$0.2\,\mu m$であることがわかっている。

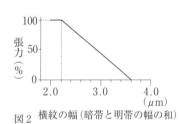

図2　横紋の幅(暗帯と明帯の幅の和)

(1)　ア　フィラメント(図1のP)の長さの値〔μm〕として最も適当なものを,次から1つ選べ。

　① 1.0　② 1.4　③ 1.6　④ 2.0　⑤ 2.2　⑥ 3.6

(2)　図2において張力が50%を示す時,明帯の長さの値〔μm〕として最も

適当なものを，次から１つ選べ。

① 0.5　　② 0.7　　③ 0.8　　④ 1.0　　⑤ 1.3　　⑥ 1.6

（獨協医大）

 問 1　アクチンフィラメントにはトロポニンとトロポミオシン（共にタンパク質）が結合して，トロポミオシンがミオシンとアクチンの結合を妨げている。筋小胞体から放出される Ca^{2+} がトロポニンに結合すると，トロポミオシンの構造が変化してミオシンがアクチンに結合しミオシン頭部がATPを分解したエネルギーを用いてアクチンをたぐり寄せ，筋収縮が起こる。

問 2　張力はミオシン頭部とアクチンフィラメントの重なりの長さに比例する。

(1)　張力が100％となるのは，すべてのミオシン頭部がアクチンフィラメントと重なっているとき。このときのサ
ルコメアが $2.2\,\mu m$，ミオシン中央部
のミオシン頭部が存在しない部分が
$0.2\,\mu m$ なので，アクチンフィラメン
トの長さ（図１のP）は，

$$P + 0.2 + P = 2.2$$
$$\therefore \quad P = 1.0\,(\mu m)$$

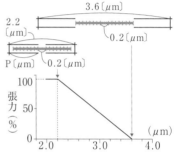

(2)　アクチンフィラメントとミオシン
フィラメントの重なりが無くなり，張力が０となった状態のサルコメアが
$3.6\,\mu m$ なので，ミオシンフィラメントの長さ（図１のQ）は，

$$1.0 + Q + 1.0 = 3.6 \quad \therefore \quad Q = 1.6\,(\mu m)$$

よって，ミオシン頭部がある長さは，端から

$$(1.6 - 0.2) \div 2 = 0.7\,(\mu m)$$

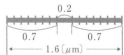

張力が50％となるのは，ミオシン頭部の50％，つまり $0.7 \div 2 = 0.35\,\mu m$
がアクチンフィラメントと重なっているとき。このときの明帯の長さは，

$$(1.0 - 0.35) \times 2 = 1.3\,(\mu m)$$

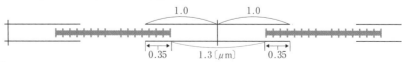

答　**問 1**　アーアクチン　イーミオシン　ウーサルコメア（筋節）
エートロポミオシン　オーアセチルコリン　カー筋小胞体
キートロポニン　　**問 2**　(1)　①　　(2)　⑤

第8章　動物の反応と調節

神経筋標本

　神経の興奮と筋肉の収縮について実験するときに，カエルの足のふくらはぎの筋肉とそれにつながる神経（座骨神経）を切り離さずに取り出したものを使う。これを神経筋標本

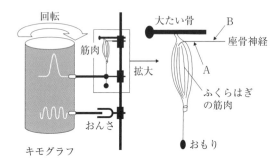

という。この実験には，すすを塗った紙をドラムに貼り付けたキモグラフ，おんさなどを上の模式図のように設置して使用する。

問1　筋肉の神経筋接合部から3cm離れた座骨神経のAの場所で，1回刺激を与えると5.5ミリ秒後に，また，神経筋接合部から6cm離れたBの場所で同じ強さの刺激を与えると6.5ミリ秒後に筋肉の収縮が起こった。この座骨神経の興奮伝導速度〔m/秒〕を計算せよ。

問2　問1と同じ標本で，筋肉に直接電気刺激を与えた場合，収縮までに要した時間が2ミリ秒だった。神経筋接合部において刺激伝達に要した時間は何ミリ秒か，計算せよ。

（東京海洋大）

　問1　神経に刺激を与えてから筋肉が収縮するまでの時間（潜伏期）には，

①　神経に生じた興奮が，神経筋接合部まで**伝導するのに要する時間**

②　神経筋接合部での**伝達に要する時間**

③　筋繊維の受容体に神経伝達物質が結合してから，**収縮が起きるまでに要する時間**

の3つの時間が含まれる。同じ神経と筋肉ならば，②と③にかかる時間は一定なので，Aを刺激したときの潜伏期（5.5ミリ秒）とBを刺激したときの潜伏期（6.5ミリ秒）の差は，

　　　BからAまでの距離（6 − 3 = 3〔cm〕）の伝導に要した時間

である。

$$\begin{array}{cccc} & \overset{①}{} & \overset{②}{} & \overset{③}{} \\ \text{A}(5.5\text{ミリ秒}) = & (3\text{cm の伝導}) & + & (\text{伝達}) & + & (\text{筋収縮}) \\ \underline{\text{B}(6.5\text{ミリ秒}) = (6\text{cm の伝導}) + (\text{伝達}) + (\text{筋収縮})} \\ \text{差}(1.0\text{ミリ秒}) = (3\text{cm の伝導}) \end{array}$$

よって伝導速度は,

$$\frac{3〔\text{cm}〕}{1〔\text{ミリ秒}〕} = \frac{3 \times 10^{-2}〔\text{m}〕}{1 \times 10^{-3}〔\text{秒}〕} = 30〔\text{m/秒}〕$$

問2　筋肉に直接電気刺激を与えた場合は,伝導も伝達も起こらない。このときの潜伏期は,③の「筋繊維の受容体に神経伝達物質が結合してから収縮が起きるまでに要する時間」そのものである。

$$\begin{array}{cccc} & \overset{①}{} & \overset{②}{} & \overset{③}{} \\ \text{A}(5.5\text{ミリ秒}) = & (3\text{cm の伝導}) & + & (\text{伝達}) & + & (\text{筋収縮}) \end{array}$$

を用いて伝達に要する時間を求める。

問1の伝導速度を用いると,3cm の伝導に要する時間は,

$$\frac{3〔\text{cm}〕}{30〔\text{m/秒}〕} = \frac{3 \times 10^{-2}〔\text{m}〕}{30 \times 10^{-3}〔\text{m/ミリ秒}〕} = 1〔\text{ミリ秒}〕$$

筋収縮に要する時間は2ミリ秒なので,

$$\begin{array}{cccc} & \overset{①(3\text{cm の伝導})}{} & \overset{②}{} & \overset{③(\text{筋収縮})}{} \\ \text{A}(5.5\text{ミリ秒}) = & 1\text{ミリ秒} & + & (\text{伝達}) & + & 2\text{ミリ秒} \end{array}$$

より,伝達に要する時間=2.5ミリ秒　となる。

もちろん,

$$\begin{array}{cccc} & \overset{①}{} & \overset{②}{} & \overset{③}{} \\ \text{B}(6.5\text{ミリ秒}) = & (6\text{cm の伝導}) & + & (\text{伝達}) & + & (\text{筋収縮}) \end{array}$$

を用いてもよい。

問1の伝導速度を用いると,6cm の伝導に要する時間は,

$$\frac{6〔\text{cm}〕}{30〔\text{m/秒}〕} = \frac{6 \times 10^{-2}〔\text{m}〕}{30 \times 10^{-3}〔\text{m/ミリ秒}〕} = 2〔\text{ミリ秒}〕$$

筋収縮に要する時間は2ミリ秒なので,

$$\begin{array}{cccc} & \overset{①(6\text{cm の伝導})}{} & \overset{②}{} & \overset{③(\text{筋収縮})}{} \\ \text{B}(6.5\text{ミリ秒}) = & 2\text{ミリ秒} & + & (\text{伝達}) & + & 2\text{ミリ秒} \end{array}$$

より,伝達に要する時間=2.5ミリ秒　となる。

 答　**問1**　30〔m/秒〕　**問2**　2.5〔ミリ秒〕

第8章 動物の反応と調節

22. 動物の行動

動物の行動①（生得的行動）

◀生物

　動物の行動のなかには，遺伝的なプログラムによって決まっていて，経験や学習がなくても生じる定型的なものがある。このような行動を　ア　的行動という。イトヨ（トゲウオの一種）の雄は，腹部の赤い模型を縄張りの中に入れると，形が似ていなくても攻撃する。このように，動物に特定の行動を起こさせる刺激を　イ　刺激という。

　動物が，外界から受ける特定の刺激を手がかりとして一定の方向を定めることを　ウ　という。　ウ　には，刺激源に向かって反射的に移動したり，反射的に遠ざかる(a)走性のような単純なものから，鳥の渡りなど，正確な方向を認識し長距離の移動をするものまでさまざまなものがある。

　(b)動物では，体内で合成されたある種の化学物質を体外に分泌し，それが　イ　刺激となって，同種の個体に特有の　ア　的行動を引き起こすことがある。このような化学物質を　エ　という。

問1　文中の空欄に適切な語句を入れよ。

問2　下線部(a)に関して，ゾウリムシを培養している液を図1のように試験管に入れてしばらく置くと，やがてゾウリムシは水面近くに集まる。これはゾウリムシが負の重力走性を示すからで

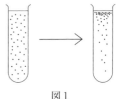

図1

ある。しかし水面上の酸素に対する正の化学走性（酸素走性）によって水面近くに集まるとする仮説も考えられる。この仮説を否定するためには，どのような実験を行い，どのような結果が得られればよいか。実験は40字以内，結果は20字以内で答えよ。ただし，培養液以外には何も加えない。

問3　下線部(b)に関して，カイコガの生殖行動に関する実験と結果について，次から適当なものをすべて選べ。

① 雄を入れたペトリ皿を密閉し，これを雌の近くに置いた結果，雄は盛んに羽ばたき動き出した。

② 雄を入れたペトリ皿のふたを開いて，これを雌の近くに置いた結果，雄は反応せず雌がペトリ皿の方に近づいた。

③ 雄を入れたペトリ皿のふたを開いて，これを雌の近くに置いた結果，雄は盛んに羽ばたき動き出した。

④ 雌の腹部末端に押し当てたろ紙片を，雄を入れたペトリ皿に入れた結果，雄は盛んに羽ばたき動き出した。

⑤ 雌の口部に押し当てたろ紙片を，雄を入れたペトリ皿に入れた結果，

雄は盛んに羽ばたき動き出した。

⑥　両方の触角を基部から取り除いた雄を雌のそばに置いた結果，雄は何も反応しなかった。

 問 1　ア．動物の行動のなかには，**遺伝的にプログラミングされているため生まれながらにパターンが備わっていて経験や練習をしなくても行われるもの**があり，このようなものを生得的行動という。

イ．動物が，**ある刺激を受けたときに常に特定の行動を起こす場合，その刺激をかぎ刺激（信号刺激）**という。

　〔例〕　イトヨ（トゲウオの一種）の雄は，繁殖期に入って赤くなった同種の雄の腹部の「赤色」に反応して攻撃行動をとる。

ウ．動物が，**自分の体位・体軸を，環境空間内の目印に対して特定の向きに定める行動**を定位という。

エ．**個体が体外に放出し，同種他個体の行動や生理状態に影響を与える物質**をフェロモンという。

　〔例〕　ガの雌が雄を誘引する性フェロモン

　　　　アリが巣と餌場の間の経路を示す道しるべフェロモン

問 2　ゾウリムシの「試験管上方に集まる定位運動は酸素を刺激源とした正の化学走性」という仮説を否定する。よって，**酸素をなくした条件下**で同様の実験を行い，**ゾウリムシが試験管上方に集まる**ことを示せばよい。

問 3　雄は頭部両側にある触角で，雌が腹部末端の側胞腺から分泌した性フェロモンを受容する。性フェロモンを受容した雄は盛んに羽ばたき動き出し，雌に近づいた後に交尾を行う。

①　ペトリ皿を密閉すると，雄は雌が分泌したフェロモンを受容できない。

②　雌が雄に近づくのではないため，誤り。

④，⑤　雌の腹部末端にろ紙を押し当てると性フェロモンがろ紙に付着し，それを受容した雄は羽ばたきを始める。

⑥　触角を除去された雄は性フェロモンを受容できない。

答　**問 1**　ア－生得　イ－かぎ（信号）　ウ－定位　エ－フェロモン

　問 2　実験：培養液を入れた試験管を空気が入らないように密閉して静置する。（30字）

　　　結果：ゾウリムシが試験管の上方に集まる。（17字）

　問 3　③，④，⑥

第 8 章 動物の反応と調節

動物の行動②（ミツバチダンス）

生物

餌場から巣に戻ったミツバチのは
たらきバチ（以下ハチという）は，な
かまに餌場の方向と距離を教えるた
めに8の字ダンスを踊る。巣箱内の
垂直面でダンスを踊る場合，ダンス
で尻振りしながら直進する方向と鉛
直上向き方向とのなす角度は，巣か
らみた餌場の方向と太陽の方向のな

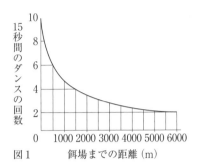

図1　餌場までの距離（m）

す角度に等しくなっている。また，餌場までの距離は，上図1のように8の
字ダンスの回数で示される。

問1　ハチは8の字ダンスではなく円形ダンスを踊ることがある。円形ダン
スを踊るのはどのようなときか。最も適当なものを，次から1つ選べ。

① 餌場が非常に遠いとき　　② 餌場が非常に近いとき

③ 雨が降っているとき　　　④ 餌が乏しいとき

⑤ 夜，月が出ているとき　　⑥ 夜，月が出ていないとき

問2　ハチが8の字ダンスを1分間に12回踊ったときの，巣から餌場までの
距離（m）を答えよ。

問3　餌場が西にあり太陽が南東にあるとき，
餌場から戻ったハチの8の字ダンスの直進方
向として最も適当なものを，右図2の①～⑥
から1つ選べ。

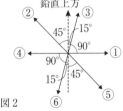

図2

問4　太陽が南中した正午に巣箱に戻ったハチ
は，鉛直下向きから時計回り45度の向きへ直進する8の字ダンスを踊った。
餌場の方向として最も適当なものを，次から1つ選べ。

① 東　　② 南東　　③ 南　　④ 南西

⑤ 西　　⑥ 北西　　⑦ 北　　⑧ 北東

問5　問4と同じ日に同じ餌場から戻ったハチは，鉛直下向きから反時計回
り15度の向きへ直進する8の字ダンスを踊った。ダンスを踊った時刻を答
えよ。

（神戸学院大）

問1 ハチは餌場が近いときは円形ダンスを，遠いときは8の字ダンスを踊る。円形ダンスには「近くに餌場がある」という情報だけが含まれるのに対して，8の字ダンスには「巣から○○の距離，△△の方向に餌場がある」という位置情報が含まれる。

問2 8の字ダンスでは，巣から餌場までの距離をダンスの速度で表す。餌場が近ければ速く，遠ければゆっくりとダンスを踊る。「1分間に12回」＝「15秒間に3回」なので，図1より2500mとなる。

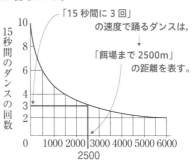

問3 8の字ダンスでは，「**巣から見た太陽と，餌場のなす角度**」を，「**鉛直上向き方向と，ダンスの直進方向のなす角度**」によって表す。

　餌場★が西にあり，太陽☀が南東にあるとき，「餌場は太陽から時計回り135°に位置」するので，これを表すダンスの直進方向は，

　　　　鉛直上向き方向から時計回りに135°

となる。よって⑤が正解。

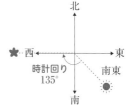

問4 「鉛直下向きから時計回り45度」＝「鉛直上向きから反時計回り135°」のダンスなので，「餌場は太陽(南)から反時計回り135°(北東)に位置」することを意味している。よって⑧が正解。

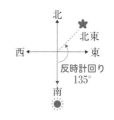

問5 「鉛直下向きから反時計回り15度」＝「鉛直上向きから時計回り165°」のダンスなので，「餌場は太陽から時計回り165°に位置」する。このダンスを，問4と同じ餌場(北東)から戻ったハチが踊ったので，太陽が真南から60°西に動いたことがわかる。太陽は1時間当たり，360°÷24〔時間〕＝15°ずつ移動するので，60°÷15°/時＝4より，このときの時刻は正午から4時間後の16時(午後4時)となる。

 問1 ②　　**問2** 2500m　　**問3** ⑤　　**問4** ⑧
問5 16時(午後4時)

問題 88

動物の行動③（学習）

生物

　学習と神経系についてのメカニズムは，これまでアメフラシやマウスなどを用いて詳しく調べられてきた。アメフラシは，図1のように背中のえらに続く水管から海水を出し入れして呼吸をしているが，水管に刺激を与えると，えらを引っ込める反射行動を示す。ところが，(a)水管に同じ刺激を繰り返し与えると，徐々にえらを引っ込める反射の程度が小さくなっていき，やがては刺激を与えてもえらを引っ込めなくなる。これは単純な学習の一種であり，　ア　と呼ばれる。アメフラシに　ア　を形成させた後，尾部に強い刺激を与えると，形成された　ア　が解除され，えらを引っ込める反射が復活する。これを　イ　という。また，(b)より強い刺激を尾部に与えると，通常ではえらを引っ込める反射を起こさないような弱い水管への刺激に対しても，敏感にえらを引っ込めるようになる。これを　ウ　という。図2はこれらに関する神経回路を示す。

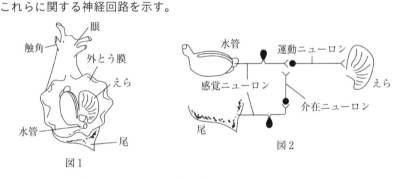

図1

図2

問1　文中の空欄にあてはまる語句を答えよ。

問2　下線部(a)に関して，水管の感覚ニューロンとえらの運動ニューロンの間のシナプスで起こる　ア　の原因について，正しいものを次から1つ選べ。

① カリウムチャネルの不活性化とシナプス小胞の減少が起こり，放出される神経伝達物質が減少して伝達効率が低下する。

② カリウムチャネルの不活性化とシナプス小胞の減少が起こり，神経伝達物質の受容体が減少する。

③ カルシウムチャネルの不活性化とシナプス小胞の減少が起こり，放出される神経伝達物質が減少して伝達効率が低下する。

④ カルシウムチャネルの不活性化とシナプス小胞の減少が起こり，神経伝達物質の受容体が減少する。

⑤ 水管の感覚ニューロンが，刺激に対して興奮しなくなる。

問3 下線部(b)に関して，そのしくみは，次のように説明される。文中の空欄にあてはまる語句を下の①～⑥から1つずつ選べ。

　　　エ　から入力を受けている　オ　が　カ　に作用し，　カ　に興奮が起こりやすくなる。この　オ　は神経伝達物質としてセロトニンを放出する。セロトニンを受容した　カ　では　キ　チャネルが閉じ，　キ　イオンの流出が減少して，活動電位の持続時間は長くなる。その結果　ク　チャネルの開く時間が長くなり　ク　イオンの流入量が増加し，　ケ　へと分泌される神経伝達物質の量が増加する。このため伝達効率が高まり，弱い水管への刺激に対しても　ケ　が強く興奮しやすくなり，敏感にえらを引っ込めるようになる。

① えらの運動ニューロン　　② 尾の感覚ニューロン　　③ カリウム
④ 介在ニューロン　　⑤ カルシウム　　⑥ 水管の感覚ニューロン

（立命館大）

 問2 水管感覚ニューロン末端にある電位依存性の Ca^{2+} チャネルが開くと，流入した Ca^{2+} の作用により，シナプス小胞内の神経伝達物質がえらの運動ニューロンへ向けてエキソサイトーシスされる。**慣れが成立した状態では，シナプス小胞の減少と，Ca^{2+} チャネルの不活性化によって，放出される神経伝達物質の量が減少する。**

問3 水管感覚ニューロン末端の受容体に，尾部への刺激の情報を伝える介在ニューロンからの神経伝達物質である**セロトニンが結合する（❶）** ⇒ 水管感覚ニューロンの再分極にはたらく **K^+ チャネルが不活性化される（❷）** ことで **活動電位の持続時間が延長される** ⇒ 水管感覚ニューロン末端における **Ca^{2+} の流入量が増加（❸）** して，えらの運動ニューロンへ向けて**多くの神経伝達物質（❹）が放出される。**

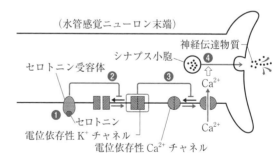

（水管感覚ニューロン末端）

セロトニン受容体
シナプス小胞
神経伝達物質
セロトニン
電位依存性 K^+ チャネル
電位依存性 Ca^{2+} チャネル

答 **問1** ア−慣れ　イ−脱慣れ　ウ−鋭敏化　　**問2** ③
問3 エ−②　オ−④　カ−⑥　キ−③　ク−⑤　ケ−①

第9章　植物の反応と調節

問題
89

23. 植物の環境応答

植物の光受容体

　植物は外部環境からのさまざまな刺激を受容して，それぞれの刺激に対して応答している。光は，植物の光合成に必要なエネルギー源であり，さまざまな環境応答にとって重要な情報となっている。植物は，光合成において光吸収にはたらくクロロフィル以外にもフォトトロピン，フィトクロム，クリプトクロムなどの光受容体をもち，それぞれ異なる波長の光を感知している。

問1　下線部に関して，次の(1)～(3)の光受容体が主に受容する光を，下の①～④からそれぞれすべて選べ。

　(1)　フォトトロピン　　　**(2)**　フィトクロム　　　**(3)**　クリプトクロム

　①　青色光　　　②　緑色光　　　③　赤色光　　　④　遠赤色光

問2　下線部に関して，フィトクロムおよびクリプトクロムのはたらきとして正しい組合せを，次から1つ選べ。

	フィトクロム	クリプトクロム
①	光発芽種子の発芽調節	茎の伸長成長の抑制
②	光発芽種子の発芽調節	気孔の開口
③	茎の伸長成長の抑制	光発芽種子の発芽調節
④	茎の伸長成長の抑制	気孔の開口
⑤	気孔の開口	光発芽種子の発芽調節
⑥	気孔の開口	茎の伸長成長の抑制

(高崎健康福祉大・京都産業大)

　環境から光エネルギーを吸収するタンパク質を，光受容体という。

光受容体	吸収する光（波長）	関わる現象
フォトトロピン	**青色光**	光屈性，気孔の開口，葉緑体の配置
クリプトクロム	**青色光**	伸長成長の抑制，花芽形成
フィトクロム	**赤色光，遠赤色光**	光発芽，伸長成長の抑制，花芽形成

　問1　(1)　①　　**(2)**　③，④　　**(3)**　①　　**問2**　①

植物が環境からの刺激に対して示す反応の1つに，屈曲という現象がある。この現象のうち，刺激の方向あるいはその反対方向に屈曲する性質を ア ，刺激の方向とは無関係に屈曲する性質を イ と呼ぶ。 ア を生じさせる刺激の種類はいくつか知られているが，それが光の場合は ウ と呼ばれる。1913年頃，ボイセン-イェンセンは，マカラスムギの幼葉鞘を用いて， ウ を調べた。(a)幼葉鞘のさまざまな部位に雲母片を差し込み，一方向から光を照射したところ，幼葉鞘の先端部は雲母片の位置に応じて光に向かって屈曲する場合と屈曲しない場合の2通りを示した。これらの実験結果より，(b) ウ は植物体内でつくられる物質が引き起こしていることが予想され，後にこの物質は エ と名付けられた。

　1990年代になると， ウ などの植物の応答メカニズムが分子レベルで解き明かされるようになった。 オ 色光を感知する光受容体 カ を欠くシロイヌナズナ変異体は ウ を示さなかった。このことから， ウ には オ 色光がシグナルとして重要であることが明らかになった。

問1　文中の空欄に最も適切な語句を答えよ。

問2　下線部(a)について，幼葉鞘が光に向かって屈曲した実験の模式図として適切なものを，下図ⓐ～ⓓからすべて選べ。

ⓐ

光

ⓑ

ⓒ

ⓓ

問3　下線部(b)について，光照射後の幼葉鞘でこの物質はどのような分布を示すと予想されるか。下図ⓐ～ⓔから最も適切なものを1つ選べ。

ⓐ

光

ⓑ

ⓒ

ⓓ

ⓔ

（上智大・神戸女大）

問1　ア～ウ．刺激を与えられた植物が示す屈曲運動は，刺激に対する屈曲の方向性の有無により屈性と傾性に分けられる。

> ## Point　植物の屈曲運動
>
> **屈性**：刺激に対して一定の方向に屈曲する反応。
>   - **正の屈性**：刺激源に近づくように屈曲。
>   - **負の屈性**：刺激源から離れるように屈曲。
>
> **傾性**：刺激の方向と関係なく，一定の方向に屈曲する反応。
>
> 屈性と傾性は，刺激の種類によっていろいろな種類がある。
>
> | 種類 | | 刺激 | 例 |
> |---|---|---|---|
> | 屈性 | 光屈性 | 光 | 茎(正)，根(負) |
> | | 重力屈性 | 重力 | 根(正)，茎(負) |
> | 傾性 | 接触傾性 | 接触 | 葉の折り畳みと茎の下垂(オジギソウ) |
> | | 温度傾性 | 温度 | 花弁の開閉(チューリップ) |

　エ～カ．光屈性は，植物の伸長成長の促進にはたらく植物ホルモンであるオーキシンにより引き起こされる。オーキシンは植物体の**先端部**で合成され，**基部方向（根に近づく方向）に輸送**された後，伸長域の成長を促進する。

　植物は，先端部に照射された青色光を，光受容体であるフォトトロピンで受容する。光刺激を受容した茎では，オーキシンが**陰側へ輸送**された後に基部方向へ輸送される。そのため，伸長部では光が当たっている側よりも**陰側の伸長成長が促進され，茎は光の方へ屈曲する**。

問3　光照射を受けた植物体において，先端で合成されたオーキシンは，①**陰側へ輸送**された後，②基部方向へ輸送される。そのため，③**伸長部のオーキシン濃度は陰側が高くなる**（右図参照）。

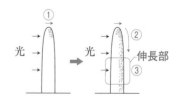

　伸長部のオーキシン濃度に違いがあると，茎の伸長速度に差が生じるため，幼葉鞘は光側へ屈曲する。

問2　ⓐ　①オーキシンは陰側へ輸送されるが，②基部方向への移動は雲母片によって妨げられる。そのため，③伸長部のオーキシン濃度は光側と陰側で差はなく，茎は屈曲しない。

　ⓑ　①オーキシンは陰側へ輸送された後，②基部方向へ輸送される（雲母片は光照射側に差し込まれているためオーキシンの輸送を妨げない）。その

ため，③伸長部のオーキシン濃度は陰側が高くなり，茎は光側へ屈曲する。

ⓒ　①オーキシンは陰側へ輸送されるが，②基部方向への移動は陰側に差し込まれている雲母片によって妨げられる。そのため，③伸長部のオーキシン濃度は光側と陰側で差はなく，茎は屈曲しない。

ⓓ　①オーキシンの陰側への輸送は，輸送方向に垂直に差し込まれている雲母片に妨げられているため，②基部方向への輸送が起きても，③伸長部のオーキシン濃度は光側と陰側で差はなく，茎は屈曲しない。

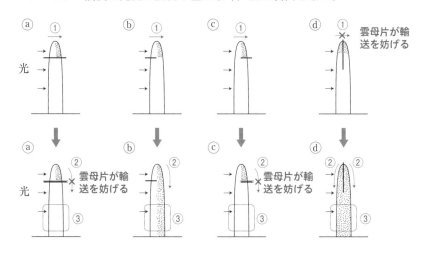

 問1　ア－屈性　イ－傾性　ウ－光屈性　エ－オーキシン
　　　オ－青　カ－フォトトロピン
　　問2　ⓑ　　問3　ⓓ

問題 91 オーキシンの移動と作用

頂芽が成長しているときは，下方の側芽の成長が抑制されている。この現象を ア といい，植物ホルモンが関与する。とりわけ頂芽でつくられて基部方向に移動するオーキシンの関与が知られている。茎におけるオーキシンの移動には方向性があり，この方向性をもった イ と呼ばれる移動様式によってオーキシンは上の細胞からその下の細胞へ移動する。

問1 文中の空欄に適切な語句を入れよ。

問2 下線部について，オーキシンは電離する（IAA⁻になる）と，細胞膜のリン脂質の部分を通れなくなる。また，pH5.5のときは電離した状態のオーキシンと電離していない状態のオーキシンが存在するが，pH7.0のときはほとんどのオーキシンが電離した状態になる。電離したオーキシンは AUX と PIN という輸送体を通ることができる。

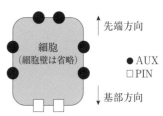

右図は，茎の細胞を模式的に示したもので，AUX と PIN の位置を示している。なお，細胞外の pH は約5.5に，細胞内の pH は約7.0に保たれているものとする。以上をもとに，オーキシンの移動について考察した次の文を読み，(1)，(2)に答えよ。

オーキシンは細胞 ウ では電離した状態と電離していない状態が存在するので，細胞膜のリン脂質の部分から エ ことができる。また，細胞 オ ではほぼ電離した状態だけになるので，細胞膜のリン脂質の部分から カ ことができない。よって，細胞内に入るときは キ を通るが，細胞外に出るときは ク を通るため，オーキシンは茎の先端から茎の基部方向にのみ移動をする。

(1) 文中の ウ ～ カ にあてはまる最も適当な語句を，次からそれぞれ1つずつ選べ。ただし，同じものを繰り返し選んでもよい。

① 外　　② 内　　③ 細胞外へ出る　　④ 細胞内へ入る

(2) 文中の キ ， ク にあてはまる最も適当な語句を，次からそれぞれ1つずつ選べ。ただし，同じものを繰り返し選んでもよい。

① AUX　　　　② PIN

③ リン脂質の部分と AUX　　④ リン脂質の部分と PIN

（昭和大・同志社女大）

問1 茎の先端にある芽(頂芽)が成長しているときは下部の芽 (側芽)の成長が抑制される現象を，**頂芽優勢**という。側芽は， 頂芽を取り除くと成長を始める。また，オーキシンは，植物体内で先端側か ら基部側へと一方向に移動する。このような方向性をもった物質移動を**極性 移動**という。これは，植物の細胞膜に存在する**オーキシン排出輸送体が基部 側に集中して存在**しているために起こる。

なお，この排出輸送体の分布は固定的でなく，光や重力などの刺激に応じ て細胞膜上での位置を変えるものもある。**問題90**で扱ったように，幼葉鞘先 端部に横から光を照射するとオーキシンが陰側へ輸送されるのは，排出輸送 体が陰側の細胞膜上へ移動したためである。

問2 ⑴ 細胞外は pH 約 5.5なので，電離した 状態のオーキシン (IAA⁻)と電離してい ない状態のオーキシン (IAA)が存在する。細 胞内は pH7.0なので ほとんどのオーキシン が IAA⁻ となってい る。IAA は細胞膜の リン脂質を通過できる

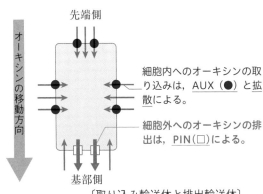

〔取り込み輸送体と排出輸送体〕

が IAA⁻ は通過できない。よって，オーキシンは，

細胞内へ：IAA はリン脂質部分を，IAA⁻ は輸送体を通る。

細胞外へ：IAA⁻ は輸送体を通る。

⑵ 細胞外の IAA はリン脂質部分を，IAA⁻ は AUX を通って細胞内へ入り， 細胞内の IAA⁻ は PIN を通って細胞外へ出ることにより，オーキシンは 植物の茎全体としては「先端 → 基部」方向のみの極性移動をする。

もしも AUX が細胞外への IAA⁻ の移動に，PIN が細胞内への IAA⁻ の 移動に関わるとすると，IAA⁻ は先端方向および側面から細胞外へ出て， 基部方向から細胞内へ入ることになり，茎でのオーキシンの移動は極性移 動の方向性(先端 → 基部)と矛盾する。

 問1 ア－頂芽優勢 イ－極性移動
問2 ⑴ ウ－① エ－④ オ－② カ－③ ⑵ キ－③ ク－②

植物ホルモンと細胞の成長

右図は植物ホルモンと細胞の伸長と肥大の関係を模式的に示したものである。

図中の空欄 A ～ C に入る植物ホルモンの組合せとして最も適切なものを，次から1つ選べ。

注）図中の破線はセルロース繊維の並びを示す。

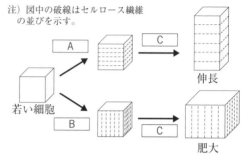

図　植物ホルモンと細胞の伸長と肥大

	A	B	C
①	エチレン	オーキシン	ジベレリン
②	エチレン	ジベレリン	オーキシン
③	オーキシン	エチレン	ジベレリン
④	オーキシン	ジベレリン	エチレン
⑤	ジベレリン	エチレン	オーキシン
⑥	ジベレリン	オーキシン	エチレン

茎の成長調節には，複数種類の植物ホルモンがはたらく。

オーキシンは，**細胞壁のセルロース繊維どうしのつながりをゆるめる作用**をもつ。そのため，細胞は吸水して体積を増加させ，その結果，植物体が成長する。オーキシンが作用したときの細胞の成長方向は，**セルロース繊維の並び方**によって決まる。

ジベレリンは，**横方向のセルロース繊維を増やす**。セルロース繊維は伸びにくいので，細胞は吸水すると，セルロース繊維間の隙間が広がる方向に成長する。そのため，細胞は**縦方向**に成長する。

一方，エチレンは**縦方向のセルロース繊維を増やす**。そのため，吸水した細胞は**横方向**に成長する。

 ⑤

発芽調節

生物

次の文中の空欄に適語を入れよ。

種子は，子房の中で成熟し，　ア　状態となる。種子の　ア　を保つ植物ホルモンは　イ　である。種子の発芽には水と　ウ　，および適度な温度が必要であるが，これは，種子が吸水し，温度や　ウ　など生育に適した環境になると　イ　が減少して　ア　が解除されるからである。

イネやオオムギの種子では，　エ　に貯蔵物質の　オ　が蓄積されている。吸水すると，胚では　カ　が合成され，　キ　層へ移動する。続いて　カ　により，　オ　を分解する　ク　の合成が引き起こされる。胚は分解産物の糖を呼吸基質として利用し，発芽する。

(静岡大)

 成熟した種子では，アブシシン酸の含有量が増え，その作用により貯蔵物質の蓄積と脱水が誘導される。すると胚は呼吸などの代謝活性の活動を停止した**休眠状態**となる。種子は発芽に適した条件(酸素・適温・水)が揃うまで休眠する。

オオムギやイネでは，発芽条件が揃うと，

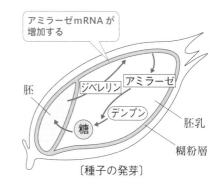

〔種子の発芽〕

① 胚が**ジベレリンを合成**し分泌する
② ジベレリンは，糊粉層の細胞内受容体と結合し，アミラーゼ遺伝子の**発現を促進**する
③ アミラーゼにより，胚乳のデンプンが糖へと分解される
④ 胚は糖を呼吸基質として，発芽のためのエネルギーを獲得する

という一連の反応が起こり，発芽が始まる。

 アー休眠　イーアブシシン酸　ウー酸素　エー胚乳　オーデンプン
カージベレリン　キー糊粉　クーアミラーゼ

第9章 植物の反応と調節

アブシシン酸のはたらき　　　生物

植物体の水が水蒸気として失われる現象は蒸散と呼ばれる。蒸散は ア からも一部行われるが大部分は気孔を通じて行われる。多くの植物では葉の イ は ア が発達しているので，気孔は ウ に多い。気孔は向き合った 2 個の エ で囲まれ，環境要因によってこの細胞の形が変化する事で蒸散の速度が調節されている。表皮細胞が変化した エ は，通常の表皮細胞と異なり オ をもっている。 エ の細胞壁は気孔側が厚くなっているが，その反対側の細胞壁は薄い。気孔の開口は青色光により促進される。青色光受容タンパク質である カ が青色光照射を受容すると， エ は十分に吸水して キ が ク くなり，外側の細胞壁が内側のそれより ケ するので エ が湾曲して気孔が開く。つまり気孔の開閉は キ 運動の一種といえる。一方，水不足になると植物ホルモンである コ が急速に合成される。このホルモンは エ 内の サ の低下を シ し，水が細胞外に出て キ が低下するので，その結果，気孔が閉じる。

問1　文中の空欄に適する語を次から 1 つずつ選べ。

① フィトクロム　　② 抑制　　　　③ 裏面　　　　④ 葉肉細胞
⑤ 中心体　　　　　⑥ 膨圧　　　　⑦ 高　　　　　⑧ 伸長
⑨ アブシシン酸　　⑩ 浸透圧　　　⑪ 表面　　　　⑫ 葉緑体
⑬ 低　　　　　　　⑭ 短縮　　　　⑮ ジベレリン　⑯ クチクラ層
⑰ オーキシン　　　⑱ 離層　　　　⑲ 孔辺細胞
⑳ フォトトロピン　㉑ ゴルジ体　　㉒ 促進

問2　植物ホルモンである コ は，気孔の開閉以外にさまざまな現象を引き起こす。その現象を次から 2 つ選べ。

① 根の伸長を抑制　　　　　　　② 落葉，落果を抑制
③ 種子，球根，頂芽の発芽を促進　④ 光合成作用を抑制
⑤ 種子，球根，頂芽の発芽を抑制　⑥ 根の伸長を促進
⑦ 落果，落葉を促進

（藤女大）

解説　**問1**　向かい合った 2 個の孔辺細胞の間の隙間が気孔である。孔辺細胞の細胞壁は，**気孔側では厚く，反対側では薄い**。この構造が気孔の開閉につながる。

Po˚int 孔辺細胞の特徴

① 気孔側の細胞壁が厚く発達。

② 葉緑体をもつ。

（植物体の表面を覆う細胞のうち，葉緑体をもつのは孔辺細胞だけ。）

孔辺細胞が吸水すると，容積が増して細胞壁は膨圧を受け，内側から押される。**気孔と反対側の細胞壁が薄い部分は伸びやすく外側へ膨らむが，気孔側は厚く伸びにくい。**そのため，**孔辺細胞全体としては外側へ湾曲して気孔が開く。**逆に孔辺細胞から水が流出して容積が減少すると，気孔は閉じる。

気孔は青色光照射に反応して開口する。孔辺細胞に存在する青色光受容タンパク質であるフォトトロピンは，青色光を受容すると細胞内への K^+ 流入を引き起こす。その結果，細胞内の浸透圧が高まり，水の流入が起きて孔辺細胞は湾曲し，気孔は開口する。

一方，気孔はアブシシン酸により閉鎖する。アブシシン酸は孔辺細胞からの K^+ 流出を引き起こす。その結果，細胞内の浸透圧が低下し，水が排出されて孔辺細胞の体積が減少し，気孔は閉鎖する。

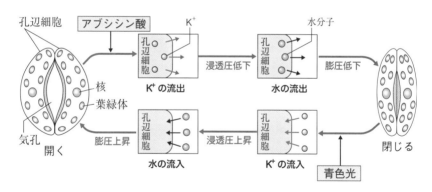

問2 ⑤ アブシシン酸はジベレリンとは反対に，休眠維持・種子の発芽抑制にはたらく。

⑦ エチレンは離層形成や落葉・落果を促進する。アブシシン酸はエチレンの合成を促進することで，間接的にこれらの促進にはたらく。

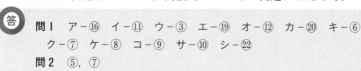

答 **問1** ア—⑯ イ—⑪ ウ—③ エ—⑲ オ—⑫ カ—⑳ キ—⑥
　　ク—⑦ ケ—⑧ コ—⑨ サ—⑩ シ—㉒
問2 ⑤，⑦

花芽形成と日長

　植物には連続した暗期がある一定の長さよりも　ア　なると花芽を形成する短日植物と，一定の長さよりも　イ　なると花芽を形成する長日植物がある。このような日長の変化に対する反応性を　ウ　という。また，日長とは関係なく花芽を形成する　エ　植物もある。右図はある長日植物，短日植物，　エ　

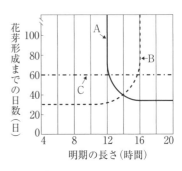

植物の1日の明期の長さと花芽形成までの日数の関係を示したものである。

問1　文中の空欄に適当な語句を記入せよ。

問2　図中のA～Cの中で，短日植物を示したグラフを選べ。また，その限界暗期を答えよ。

問3　Cに該当する植物として適当なものを，次から1つ選べ。

①　アサガオ　　　②　ホウレンソウ　　　③　カーネーション

④　トマト　　　⑤　タバコ

問4　A～Cがいずれも花芽形成し，かつ花芽形成までに要する日数がA＜B＜Cとなるのは，1日の明期が何時間の条件下で栽培したときか，最も適切なものを次から1つ選べ。

①　11時間　　　②　13時間　　　③　15時間　　　④　17時間

問5　秋に開花するキクを，自然の開花時期より遅く開花させるにはどのような処理を行えばよいか。40字以内で説明せよ。

（東京慈恵会医大）

問1～3　日長にかかわらず花芽形成する**中性植物**に対して，長日植物と短日植物は，日長により花芽形成の有無が決定する。ただし，実際に花芽形成を決定づけているのは明期ではなく**連続暗期の長さ**で，**長日植物は限界暗期よりも暗期が短い条件**で，**短日植物は限界暗期よりも暗期が長い条件**で，それぞれ花芽が形成される。代表的な植物種は，

長日植物：アブラナ，コムギ，ホウレンソウ，カーネーション，シロイヌナズナなど。

短日植物：タバコ，オナモミ，キク，イネ，コスモスなど。

中性植物：トマト，トウモロコシ，エンドウなど。

問題のグラフでは，左に行くほど暗期が長い短日条件，右に行くほど暗期が短い長日条件となっている。また，縦軸は花芽形成までの日数なので，この**日数が短い（グラフ下側）ほど花芽形成しやすく，日数が長い（グラフ上側）ほど花芽形成しにくい**ことを意味する。

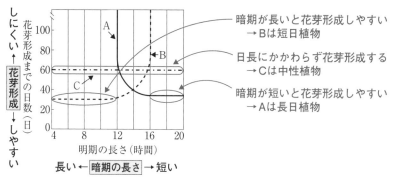

問4　Cは日長にかかわらず60日で花芽形成する。

　長日植物のAは，明期が16時間以上ならば30日強で花芽形成するが，それより短い明期だと徐々に花芽形成までの日数が増え，明期が12時間より短くなると花芽形成できない。よって限界暗期は12時間。

　短日植物のBは，明期が12時間以下ならば約30日で花芽形成するが，それより長い明期だと徐々に花芽形成までの日数が増え，明期が16時間より長くなると花芽形成できない。よって限界暗期は8時間。

　A〜Cすべてが花芽形成するのは，明期が12時間より長く16時間未満のときで，花芽形成までの日数は明期13時間のときはB（30日強）＜A（約50日）＜C（60日），明期15時間のときはA（30日強）＜B（約50日）＜C（60日）。よって，③が正解。

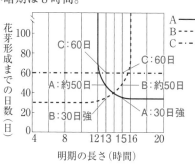

問5　短日植物なので，限界暗期以下の連続暗期の状態を保てばよい。正月などに売り出される電照菊はこのようにして栽培したキクである。

問1　アー長く　イー短く　ウー光周性　エー中性
問2　B，8時間　　**問3**　④　　**問4**　③
問5　花芽形成する前から夜間に照明をつけ，暗期が限界暗期以下になるようにする。（36字）

花芽形成とフロリゲン

生物

花芽形成の有無の境界となる連続暗期の長さを限界暗期という。花芽形成において限界暗期の長さが重要であることは，(a)暗期の途中で光を短時間照射して，連続暗期を限界暗期よりも短くする　ア　という処理を行うことで明らかとなる。暗期が限界暗期以下で花芽をつける植物を　イ　，暗期が限界暗期以上で花芽をつける植物を　ウ　という。(b)　イ　の中には生育の初期に一定期間低温にさらされることが花芽形成に必要なものもある。　イ　や　ウ　において(c)日長は葉で感知され，葉でつくられた　エ　は師管を通って芽に移動し，そこで花芽形成を誘導する。

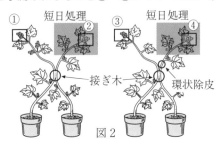

図1

問1　空欄に適語を入れよ。

問2　下線部(a)に関して，限界暗期が12時間の　ウ　を上図1のような明暗周期においた場合，花芽形成すると予測されるものを①～④からすべて選べ。

問3　下線部(b)に関連して，一定期間低温にさらされることによって花芽形成が促進される現象を何というか。

問4　下線部(c)に関して，　ウ　を用いて図2で示す実験を行った。①～④のうち花芽形成する部分をすべて選べ。

図2

解説　**問2**　花芽形成が，明期の長さや暗期の合計時間ではなく，**連続暗期の長さ**により決定することに注意する。また，光中断を行うと，その時点で「連続した暗期」が途切れ，連続した暗期の効果が失われる。

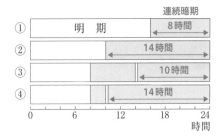

限界暗期が12時間の短日植物は，連続暗期が12時間以上あれば花芽を形成する。それぞれの条件の連続暗期は，①8時間，②14時間，③10時間，④14時間なので，花芽形成するのは②，④である。

問3 長時間の低温を経験することで，花芽形成が促進される現象を春化という。コムギは長日植物で，春化を必要とする秋まきコムギと，春化を必要としない春まきコムギとがある。

春まきコムギ：春に播くと発芽後に花芽形成して秋に麦を収穫できる。

秋まきコムギ：春に播いても花芽形成しないので収穫できない。そのため，秋に播いて冬の低温を体験させ，春の長日条件で花芽形成させるか，もしくは，吸水させた種子に人工的に春化を施してから春に播く。

長日植物の中には，秋の日長時間でも花芽形成できるものも多い。しかし，秋に花芽形成すると，冬の寒さで種子形成前に花芽が枯れてしまう。春化は「低温の後の長日＝春」に花芽形成することで確実に種子形成できるという意義がある。

問4 葉で合成され，茎頂へ移動して花芽形成を促進する物質をフロリゲンという。フロリゲンの実体はタンパク質である。接ぎ木は，異なる植物の**維管束どうしをつなぐ処理**。フロリゲンは師管を通って移動するので，接ぎ木によって他個体にも移動し，花芽形成を促進する。また環状除皮とは，**形成層より外側を剥ぎ取る処理**で，**師管も除去される**。そのため，環状除皮を行うと，フロリゲンはその部分より先に移動できなくなる。

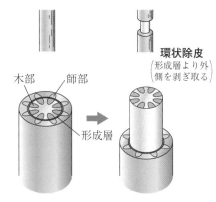

環状除皮
（形成層より外側を剥ぎ取る）

木部　師部

形成層

この植物は短日植物なので，短日処理された葉でフロリゲンが合成される。よって，②と④ではフロリゲンがつくられ，花芽が形成される。②と①は接ぎ木されているので，②で合成されたフロリゲンは①にも移動して，①でも花芽が形成される。しかし，③と④は接ぎ木されているが，④に環状除皮が行われているため，④でつくられたフロリゲンは③に移動できない。

答 問１　アー光中断　イー長日植物　ウー短日植物　エーフロリゲン
　　問2　②，④　　**問3**　春化　　**問4**　①，②，④

花器官の形成と遺伝子発現

アサガオにおける花器官(めしべ,おしべ,花弁,がく片)の形成は,シロイヌナズナなどの他の被子植物と同様に,A,B,およびCの3つのクラスの遺伝子によって調節される。

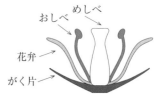

図1　野生型

江戸時代には,花器官の形成に異常のある「牡丹」と呼ばれるアサガオの変異体が,平賀源内によって記録されている。花器官とそれらの配置を模式的に表すと,野生型のアサガオは図1のようになる。「牡丹」では,図2のように,おしべの代わりに花弁が,めしべの代わりにがく片が形成される。最近では,図3のような,おしべの代わりにめしべが,花弁の代わりにがく片が形成される「無弁花」と呼ばれる変異体も見つかっている。これまでの研究から,「牡丹」ではCクラスの遺伝子が,「無弁花」ではBクラスの遺伝子が機能していないことがわかっている。

問1　「牡丹」や「無弁化」のように,器官が本来の位置に形成されず,他の器官に置き換わる突然変異体を何と呼ぶか。

問2　アサガオでは,図4のように花器官のすべてががく片となる変異体Xが存在する。また明治時代には,図5のように,花弁の代わりにおしべが,がく片の代わりにめしべが形成される「枇杷咲き」と呼ばれる変異体Yが記録されている。変異体Xと変異体Yそれぞれで機能が失われていると考えられる遺伝子のクラスとして最も適当なものを,次から1つずつ選べ。

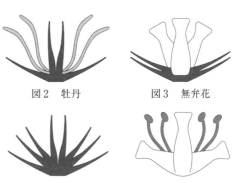

図2　牡丹　　　　　図3　無弁花

図4　変異体X　　　図5　変異体Y

① A　　② AとB　　③ BとC　　④ AとC　　⑤ AとBとC

(九州大・センター試験)

問2 　変異体Ｘ：「牡丹」(ABc)ではがく片と花弁が形成され，「無
弁花」(AbC)ではがく片とめしべが形成される。このことか
ら，がく片の形成にはＢクラスの遺伝子もＣクラスの遺伝子も必要では
ないことがわかる。よって，がく片のみをもつ変異体ＸはＡクラスの遺
伝子のみが機能し，Ｂクラスの遺伝子とＣクラスの遺伝子の機能が失わ
れていると判断できる。

変異体Ｙ：Ｃクラスの遺伝子が機能していない牡丹はめしべとおしべが形成
されないことから，めしべとおしべの形成にはＣクラスの遺伝子が必要
であることがわかる。同様にＢクラスの遺伝子が機能していない無弁花
はおしべと花弁が形成されないことから，おしべと花弁の形成にはＢク
ラスの遺伝子が必要であることがわかる。よって，おしべとめしべをもつ
変異体ＹはＢクラスの遺伝子とＣクラスの遺伝子が機能している。ここで，
Ａクラスの遺伝子も機能していると野生型と同じ形質になるはずである
が，変異体Ｙはがく片と花弁が形成されない，野生型とは異なる形質で
あるため，Ａクラスの遺伝子の機能のみが失われていると判断できる。

Point 　花器官の形成に関わる遺伝子

茎頂分裂組織の領域①〜④において，
遺伝子がそれぞれ異なる組合せで発現し，
異なる花の構造ができる。

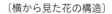

〔上から見た花の構造〕　　〔横から見た花の構造〕

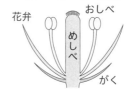

 問1 　ホメオティック突然変異体
　　問2 　変異体Ｘ−③　　　変異体Ｙ−①

第
9
章
植
物
の
反
応
と
調
節

問題 98　光発芽種子

　(a)レタスなどの種子の発芽は，光によって促進される。このような種子は，光発芽種子と呼ばれている。光発芽種子の発芽には主に(b)赤色光と遠赤色光を吸収する色素タンパク質が光受容体としてはたらいている。この色素タンパク質は，赤色光吸収型(P_R型)と遠赤色光吸収型(P_{FR}型)の2つの状態をとることができ，光を吸収することによって互いの間で変換が起こる。

　　$\boxed{\quad ア \quad}$ は通常，細胞質に存在するが，$\boxed{\quad イ \quad}$ に変化すると核内へ移動し，さまざまな遺伝子の発現調節に関わる。光発芽種子では種子内で $\boxed{\quad イ \quad}$ が増加すると植物ホルモンXの合成が誘導される。

〔実験〕　充分に吸水させたレタス種子を用いて，処理1および処理2を行ったのち，暗所で25℃，1週間培養し，発芽の有無について調べた。表1および表2には，処理の方法と発芽の有無を示す。

処理1：表1に示すように，種子に5分間ずつ赤色光(R)および遠赤色光(FR)を，さまざまな順序で照射した。

処理2：表2に示すように，種子を植物ホルモンXで処理した。

表1　処理1の方法と発芽の有無

方　法	発芽の有無
暗所	無
R → 暗所	有
FR → 暗所	無
R → FR → 暗所	無
FR → R → 暗所	有
R → FR → R → 暗所	(ウ)
FR → R → FR → 暗所	(エ)

表2　処理2の方法と発芽の有無

方　法	発芽の有無
無処理 → 暗所	無
植物ホルモンX処理 → 暗所	有

問1　下線部(a)とは対照的に，光があると発芽が抑制される種子も知られている。このような種子の名称を答えよ。

問2　下線部(b)の色素タンパク質の名称を答えよ。

問3　表1の(ウ)および(エ)の発芽の有無を答えよ。

問4　植物ホルモンXの名称を答えよ。

問5　文中の空欄 $\boxed{\quad ア \quad}$，$\boxed{\quad イ \quad}$ は，それぞれ P_R 型と P_{FR} 型のどちらか答えよ。また発芽促進にはたらくのは，P_R 型と P_{FR} 型のどちらか答えよ。

（共立女大）

　問1，2　光発芽種子の発芽には，色素タンパク質であるフィトクロムが関わる。P_R 型は活性をもたないが，赤色光照射によっ

て活性型の P_{FR} 型になると，光発芽種子の**発芽促進**や短日植物の**花芽形成抑制**などにはたらくようになる。

Point 発芽と光

光発芽種子：光照射により発芽が促進される種子。
〔例〕 レタス，タバコ，シロイヌナズナなど。
暗発芽種子：発芽に光を必要としない種子や，光照射により発芽が抑制される種子。
〔例〕 カボチャ，キュウリ，ケイトウなど。

問3 フィトクロムは**2つの状態を可逆的に変換される**ので，P_R 型と P_{FR} 型のいずれの状態であるかは，**最後に照射した光によって決定**する。最後に R（赤色光）を照射した場合は P_{FR} 型となっているので，発芽が促進される（ウ）。最後に FR（遠赤色光）を照射した場合は P_R 型となっているので，発芽は促進されない（エ）。

問4 処理2の結果から，植物ホルモン X には，発芽促進効果があるとわかる。種子の発芽促進にはたらく植物ホルモンはジベレリン。

問5 ┃ イ ┃ は発芽促進効果をもつ植物ホルモン X（ジベレリン）の合成を誘導するので，**発芽促進にはたらく P_{FR} 型**である。

P_{FR} 型フィトクロムは核内へ移動すると，PIF というタンパク質と結合し，PIF タンパク質の分解を引き起こす。その結果，それまで PIF に制御されていた光発芽や花芽形成などに関わる遺伝子発現が変化し，さまざまな光応答が起こる。

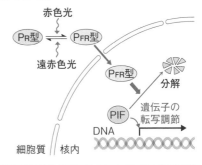

答

| 問I | 暗発芽種子 | **問2** | フィトクロム |

問I 暗発芽種子 　**問2** フィトクロム
問3 （ウ）-有 （エ）-無 　**問4** ジベレリン
問5 ア-P_R 型 イ-P_{FR} 型 　発芽促進にはたらく-P_{FR} 型

24. 植物の配偶子形成と受精

被子植物の生殖

　被子植物のおしべの薬_{やく}内には多数の花粉母細胞があり，これがァ減数分裂を行い4個の細胞からなる花粉四分子ができる。花粉四分子の細胞は離れてそれぞれ花粉になる。花粉が成熟する過程で，花粉四分子にィ体細胞分裂が起こり，(ⅰ)雄原細胞は花粉管細胞に取り込まれた状態になる。雄原細胞は受粉するとゥ体細胞分裂を1回行い，精細胞が2個できる。めしべの胚珠では，胚のう母細胞がェ減数分裂を行い，(ⅱ)4個の娘細胞ができ，この中の1個が胚のう細胞として残る。胚のう細胞は3回の核分裂により8個の核を生じた後，細胞質分裂を経て胚のうとなる。胚のうは，珠孔側に位置し精細胞と受精する卵細胞，同じく珠孔側に存在する ◻A◻ 細胞，珠孔の反対側に位置する ◻B◻ 細胞，2個の ◻C◻ をもつ大型の ◻D◻ 細胞からなる。

問1　文中の下線部ア～エのうち，不等分裂が行われるものをすべて選べ。

問2　文中の空欄に適語を入れよ。

問3　雄原細胞から生じた2個の精細胞のうち1つは，卵細胞と受精する。

(1)　もう1つの精細胞と受精する細胞は， ◻A◻ 細胞， ◻B◻ 細胞， ◻D◻ 細胞のいずれか。

(2)　(1)の受精の結果生じる構造の名称を答えよ。

(3)　このような被子植物特有の受精を何というか。

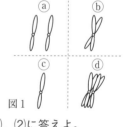

図1

問4　図1は1個の細胞に含まれる1組の染色体を@a～@dに模式的に分類したものである。また，図2は精細胞形成，図3は卵細胞形成のときの核当たりのDNA量の変化を示したものである。次の(1)，(2)に答えよ。

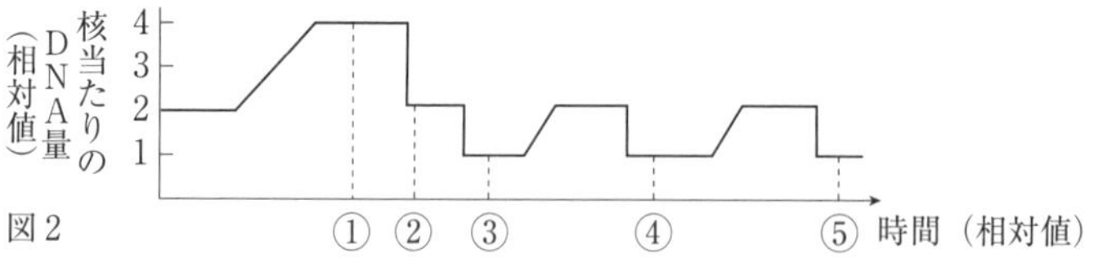

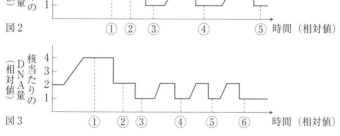

図2

図3

(1)　波線部(ⅰ)の雄原細胞にあたるのは図2の①～⑤のどれか。また，その形成直後に含まれる染色体の1組は図1のどれに相当するか。

(2) 波線部（ⅱ）の胚のう細胞にあたるのは図3の①〜⑥のどれか。また，その形成直後に含まれる染色体の1組は図1のどれに相当するか。

問5 精細胞が32個形成された。このとき，花粉母細胞は何個必要か。

（大阪医大）

 問1 イの体細胞分裂では，大型の花粉管細胞と小型の雄原細胞が1個ずつ生じる。エの減数分裂では，大型の胚のう細胞1個と，小型の細胞3個が生じ，小型の細胞は退化消失する。

問2，3 胚のうは8核7細胞からなる。中央細胞だけは核を2個もつ（極核）。

問4 **（1）** 雄原細胞は，花粉母細胞が行う減数分裂のあと，1回の体細胞分裂を経て生じる。

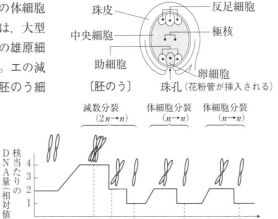

〔胚のう〕

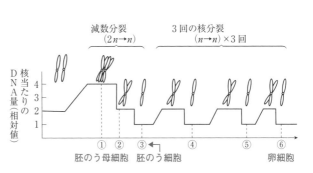

（2） 胚のう細胞は，胚のう母細胞が減数分裂して生じる。

問5 花粉母細胞1個は均等な減数分裂で娘細胞4個（花粉四分子）を生じ，娘細胞1個からは精細胞2個が生じる。つまり，**1個の花粉母細胞 ⟶ 8個の精細胞**なので，32個の精細胞は $32 \div 8 = 4$ 個の花粉母細胞に由来する。

答

問1 イ，エ　　**問2** A－助　B－反足　C－極核　D－中央

問3 **（1）** ☐ D ☐ 細胞　**（2）** 胚乳　**（3）** 重複受精

問4 **（1）** ④，ⓒ　**（2）** ③，ⓒ　　**問5** 4個

第9章　植物の反応と調節

問題 100　胚乳と種皮の遺伝

以下の文中の空欄に適する記号，数値を入れよ。

　ある種の被子植物において，胚乳の性質は 1 対の対立遺伝子 B と b が決めている。B は顕性形質のデンプン性，b は潜性形質の砂糖性の遺伝子である。いま，デンプン性の純系個体の植物のめしべに，砂糖性の純系個体の植物の花粉を受粉させた場合，生じる種子の胚の遺伝子型は　ア　，胚乳の遺伝子型は　イ　となる。この胚から生じた個体のめしべに，砂糖性の純系個体の花粉を受粉させて生じる種子の胚乳の遺伝子型の比は　ウ　：　エ　＝　オ　であり，その表現型の比はデンプン性：砂糖性＝　カ　である。

　この植物の種皮の色は 1 対の対立遺伝子 D と d が決めており，D は種皮を顕性形質の紫色に，d は種皮を潜性形質の白色にする。いま，種皮が白色の純系植物のめしべに，種皮が紫色の純系植物の花粉を受粉させた。この交配で得られた種子をまいて育てた F_1 植物体を自家受粉させてできる種子を観察した場合，種皮の表現型の分離比は紫色：白色＝　キ　と予想される。

(近畿大)

解説

　デンプン性の純系(BB)のめしべに，砂糖性の純系(bb)から生じた花粉を受粉させて生じる種子は，次のようになる。

$\begin{cases} \text{胚} \cdots\cdots \text{卵細胞}(B) & +\text{精細胞}(b) \longrightarrow _{\text{ア}}\underline{Bb}\ (=F_1) \\ \text{胚乳} \cdots 2\text{個の極核}(B+B) & +\text{精細胞}(b) \longrightarrow _{\text{イ}}\underline{BBb} \end{cases}$

　次に，　ア　の胚(Bb)から生じた個体のめしべに，砂糖性の純系(bb)から生じた花粉(b)を受粉させて生じる種子を考える。

　1 つの胚のうの中の 2 個の極核は，減数分裂で生じた胚のう細胞の核(n)が，3 回連続で核分裂して生じた核である。つまり，**1 つの胚のうに含まれている細胞の核(n)は，すべて同じ遺伝子型**である。

　よって，Bb から生じる極核の遺伝子型とその比は，

　　$(B+B):(b+b)=1:1$

これに花粉 b を受粉させるので，
胚乳の遺伝子型の比は，

　　$_{\text{ウ}}\underline{BBb}:_{\text{エ}}\underline{bbb}=_{\text{オ}}\underline{1:1}$

表現型とその分離比は，

　　デンプン性：砂糖性$=_{\text{カ}}\underline{1:1}$

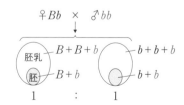

$♀Bb \times ♂bb$

胚乳	$B+B+b$	$b+b+b$
胚	$B+b$	$b+b$
1	:	1

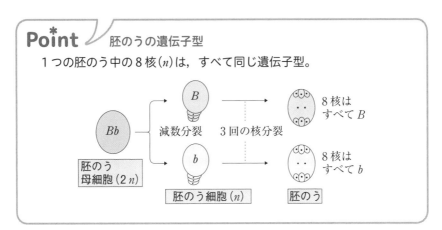

Point 胚のうの遺伝子型

1つの胚のう中の8核(n)は，すべて同じ遺伝子型。

種皮は，胚のうの外側を包んでいためしべの珠皮に由来する。つまり，**種皮は母親の体細胞からなる**。

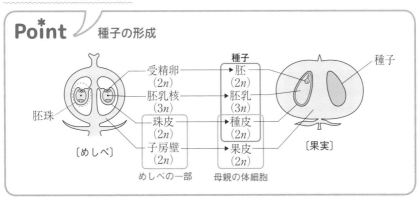

Point 種子の形成

よって，種皮が白色の純系(dd)のめしべに，種皮が紫色の純系(DD)から生じた花粉(D)を受粉させてできる種子は，次のようになる。

$\begin{cases} 胚(F_1) \cdots Dd \\ 種皮(=母親の体細胞に由来) \cdots dd \end{cases}$

このF_1植物(Dd)を自家受精させてできる種子は，次のようになる。

$\begin{cases} 胚(F_2) \cdots DD : Dd : dd = 1 : 2 : 1 \\ 種皮(=母親の体細胞に由来) \cdots すべて Dd \longrightarrow 紫：白＝_{\text{キ}}\underline{1 : 0} \end{cases}$

よって，花粉の遺伝子型によらず，F_1がつくる種子は**必ず紫色の種皮をもつ**。

答 ア－Bb　イ－BBb　ウ－BBb　エ－bbb（ウ，エは順不同）
オ－1：1　カ－1：1　キ－1：0

第10章　生態と環境

問題 101

25. 個 体 群

個体群の成長

　自然界で一定地域内に生活する生物の集団は(a)さまざまな生物種からなるが，そのうち，同種の個体の集まりを個体群という。個体群の個体数が時間経過と共に増加することを，個体群の　ア　という。その変化を示すグラフは　イ　関数的に増加するが，実際には(b)さまざまな制限があるため，増加の割合は次第に小さくなり，S字状曲線になる。このS字状曲線は　ウ　と呼ばれ，増加しなくなって一定になった時の個体数を　エ　力という。また，個体群の大きさは単位空間当たりの個体数で示され，　オ　と呼ばれる。その値の大小により個体群の性質が変化することを　カ　といい，産卵(産子)率・死亡率や生育状況などに影響を及ぼすことになる。特に(c)個体の形態や行動などが大きく変化する現象は　キ　という。

問 I　文中の空欄に適する語句を答えよ。

問 2　下線部(a)について，この集団を何というか。

問 3　下線部(b)について，制限する要因を2つ挙げよ。

問 4　下線部(c)について，　オ　が大きくなると，トノサマバッタの(1)前翅の長さ，(2)後肢の長さ，(3)産卵数，(4)体内の脂肪含有量がどうなるか，それぞれ簡潔に答えよ。

問 5　個体群を構成する個体の間には，各個体の関係によって，右図に示すような分布がみられる。(1)～(3)それぞれについて，分布の名

(1) 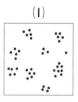　(2) 　(3)

称を答え，さらに最も適切な記述を次から1つずつ選べ。

①　個体群の中で，資源を巡る競争の結果として生じることがある。

②　群れをつくって行動する動物などにみられる。

③　風で散布されたタンポポの種子が発芽した場合にみられる。

(立命館大・名城大)

　問 I, 2　ある一定地域に生息する同種の集まりを個体群といい，互いにさまざまな関係を及ぼし合っている個体群どうしを一ま

とめにして**生物群集**という。一般に，個体群を構成する個体数は時間経過に伴って増えていき，これを**個体群の成長**という。

個体群は，空間当たりの個体数（個体群密度）が小さいときには**指数関数的に成長**する。しかし，**個体群密度が増加するにつれて，環境は悪化しがちになるので成長速度は徐々に低下し**，その空間で生育できる最大の個体数（環境収容力）に達すると，成長速度はゼロになる。

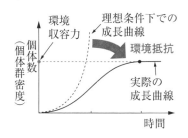

問3 このような，個体群の成長を妨げるはたらきを**環境抵抗**という。

問4 トノサマバッタでは，幼虫時の密度によって成体の行動や形態に違いが生じる**相変異**という現象がみられる。低密度の時の型を**孤独相**，高密度の時の型を**群生相**という。群生相は**飛翔に適した形態で，長距離を移動して餌不足を解消した**り，**生息地を広げて個体群密度を下げたりす**るという意義がある。

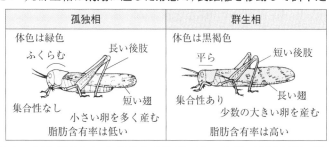

問5 (1) **集中分布：個体どうしに寄り集まる性質があったり，環境要因が均質でなかったりする場合**にみられる。〔例〕海底のクジラの死体に群がる動物など。

(2) **一様分布：個体間の競争などで，それぞれの個体が一定空間を占有する場合**にみられる。〔例〕それぞれの縄張りをもつヤマネコなど。

(3) **ランダム分布：ある個体の存在が，他個体の存在に特に影響を与えない場合**にみられる。〔例〕風で散布された種子が発芽した草本植物など。

答 問1 ア－成長 イ－指数 ウ－成長曲線 エ－環境収容
　　 オ－個体群密度 カ－密度効果 キ－相変異
　　 問2 生物群集
　　 問3 餌の不足，空間の不足，老廃物の蓄積（などから2つ）
　　 問4 (1) 長くなる (2) 短くなる (3) 少なくなる
　　 (4) 増加する
　　 問5 (1) 集中分布，② (2) 一様分布，① (3) ランダム分布，③

生命表と生存曲線

　右表は同時期に生まれた個体群の年齢別の初期生存数と当期死亡数を示している。

問1　このような表を何と呼ぶか。

問2　この動物の2歳における齢別生存率は何％か。答は四捨五入して小数第1位まで求めよ。

問3　この表をもとにして，下のグラフに生存曲線を描け。

問4　この動物の生存曲線は何型か。また，このような生存曲線を示す動物にみられる特徴を2つ述べよ。

問5　この生存曲線の型に含まれる動物を次から1つ選べ。

① メダカ　　② マンボウ

③ モリアオガエル

④ ヒツジ　　⑤ マガモ

⑥ テントウムシ

表　ある動物の年齢ごとの生存数と死亡数

年齢	初期生存数	当期死亡数
0	1000	120
1	880	138
2	742	132
3	610	120
4	490	140
5	350	130
6	220	120
7	100	75
8	25	25

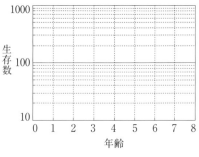

問6　この動物の性比は1：1で，年齢6歳初期に生存していた全個体が繁殖に関わるとする。次世代も同じ個体数が維持されるためには，雌1個体は少なくとも何個体の仔を産む必要があるか答えよ。

（信州大）

問1　同世代に産まれた卵や子，生産された種子が，各発育段階において減少していくようすを示した表を**生命表**といい，それをグラフにしたものを**生存曲線**という。

問2　表より，2歳初期は742個体生存していて，そのうち3歳まで死亡せずに生存した個体は610個体なので，生存率は，

$$\frac{610}{742} \times 100 〔\%〕 ≒ 82.21 \quad \longrightarrow \quad 82.2〔\%〕$$

表　ある動物の年齢ごとの生存数と死亡数

年齢	初期生存数	当期死亡数
1	880	138
2	742	132
3	610	120
4	490	140

2歳初期は742個体生存していたが、
2歳の間に132個体死亡したため、
3歳初期には、
　742 − 132 = 610〔個体〕
となった。

問4, 5　生存曲線は，晩死型，平均型，早死型に分けられる。横軸は生理的寿命を100とした**相対年齢**であることと，縦軸を対数軸とした**片対数グラフ**であることが多いことに注意！

Point　生存曲線

晩死型：少産少死，親の保護が大。
　〔例〕　大型哺乳類
平均型：生涯通じて死亡率が一定。
　〔例〕　ヒドラ，小鳥
早死型：多産多死，親の保護なし。
　〔例〕　魚貝類

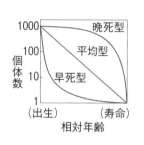

問6　6歳初期の生存数は220個体。性比は1：1なので，雌雄は各110個体。次世代もこの世代と同じく，初期生存数が1000個体となるためには，
　　　　$1000 \div 110 \fallingdotseq 9.09$
より，雌1個体当たり10個体の仔を産む必要がある（雌1個体当たり9個体の仔では，$110 \times 9 = 990$ で，1000個体に満たない）。

 　問1　生命表
　　　問2　82.2%
　　　問3　右図
　　　問4　晩死型
　　　特徴：①少産少死
　　　　　　②親の保護が厚い
　　　問5　④
　　　問6　10個体

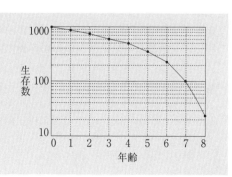

標識再捕法

　ある池に生息するコイの個体数を推測するために，標識再捕法による調査を行った。面積が $5\,km^2$ の池の任意の数ヶ所で投網を使って80匹のコイを捕獲し，これらの個体すべてに印をつけて再び池に放流した。(a) 2 日後，同様の方法で120匹のコイを捕獲したところ，印をつけたコイは15匹であった。

問1　この池におけるコイの個体群密度〔個体/km²〕を推定し答えよ。

問2　下線部(a)について，2 回目の捕獲を放流の直後ではなく，2 日後に行った理由を述べよ。

問3　個体群密度を推定する際に必要な前提条件を，次からすべて選べ。

①　自由に交配できる。　　②　標識の有無で捕獲効率は変わらない。

③　調査期間中に新たな出生や死亡がない。

④　調査している集団と他の集団との間で移出，移入がない。

⑤　雌雄の数に極端なかたよりがない。

(東京慈恵会医大)

問1　標識再捕法は，**移動能力が高い動物**などに用いる個体数の推定法。捕獲した個体に標識してから戻し，十分に拡散したのちに再捕獲し，1 度目に標識した個体数と，再捕獲した個体中の標識個体の割合から，全個体数を推定する。全個体数を x とすると，

全個体数：1 度目の捕獲・標識個体数＝再捕獲個体数：標識再捕獲個体数

x　：　　　80　　　　　　　＝　　120　：　　15

より，　$x = \dfrac{80 \times 120}{15} = 640$〔個体〕

よって，個体群密度は，640〔個体〕$\div 5$〔km^2〕$=128$〔個体/km²〕

問2，3　標識再捕法は，調査区域内で標識個体が全個体中に均一に拡散することが前提で，①個体の移出入がない，②出生・死亡による個体数の変化がない，③標識の有無により個体の行動に差がない，④標識が脱落しない　といった条件が満たされている上で成立する。

答

問1　128〔個体/km²〕

問2　放流の直後では，標識個体と非標識個体とが十分に混じり合っていないから。

問3　②，③，④

個体群内の相互作用① 生物

次の文中の空欄に適当な語句を入れよ。

生物間にみられるさまざまなはたらき合いを　ア　という。個体群を構成する個体どうしの間には密接な関係があり，　ア　によって集団の秩序が保たれている。個体群内では餌や生活空間など，生存と繁殖に必要となる要素である　イ　を巡って個体どうしが争うことがあり，これを　ウ　という。このような争いは，個体が均等に分散して生活するときには比較的弱いが，特定の場所に高密度に集まると強くなる。動物の中には，個体が一定の空間を占有して，同種の他個体を排除するものがある。この占有空間を　エ　といい，ある個体が日常的に行動する範囲である　オ　とは区別される。同種の個体どうしが集まって，統一のとれた行動をするとき，このような集団を　カ　という。　カ　を構成する個体間では優劣の力関係が生じることがあり，このような個体間の関係を　キ　制という。　キ　の高い個体が，　カ　を外敵から守ったり，採食場所へ移動させたりと，　カ　全体を統率することがある。このような個体は交尾したり，食物を選んだりすることを優先的に行うことができる。このような個体を　ク　といい，これによって　カ　が組織立てられるとき，　ク　制があるという。ミツバチ・アリ・シロアリなどは，同種の個体が密に集合したコロニーという集団で生活していて，　ケ　と呼ばれる。集団内では，生殖を行う個体は限られ，大多数のものはワーカーあるいは兵隊としての役割を果たしている。

(広島工大)

　　群れや縄張りなどの種内関係は，その関係を保つことで，**利益がそれを維持するコストを上回るときには成立**するが，**下回るときには解消**される。種内関係で得られる利益には，次のようなものがある。

縄張り：餌の獲得や子孫の保育などの安全確保。

群れ：餌の獲得や子孫の保育などの効率化。外敵への警戒の強化。

順位制・リーダー制：群れの秩序を保ち，激しい種内競争を緩和。

社会性：餌の獲得や巣作り，子孫の保育など，コロニー維持の効率化。

　アー相互作用　イー資源　ウー種内競争　エー縄張り(テリトリー)
　　　オー行動圏　カー群れ　キー順位　クーリーダー　ケー社会性昆虫

餌場にさまざまな大きさのハトの群れをつくり，そこにタカを放して攻撃させたところ，ハトの個体数とタカの攻撃成功率，ハトがタカを発見する平均距離に関して図1のような結果が得られた。また，冬の餌場に集まる小鳥の各行動の時間配分と群れの大きさの関係を図2に示した。

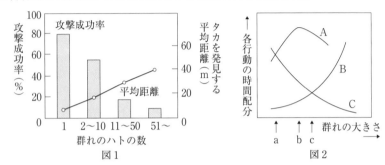
図1　図2

問1　図1は，群れの大きさが大きいほど，ハトがタカを発見するのに要する時間が ┌ ア ┐ こと，また，タカの攻撃の成功率が ┌ イ ┐ ことを示している。この文の空欄に入る語句を，次からそれぞれ1つずつ選べ。
① 長くなる　　② 短くなる　　③ 高くなる　　④ 低くなる

問2　群れをつくることによる利益や不利益に関する記述として，不適切なものを次から1つ選べ。
① 群れが大きいほど，目の数が増えるために捕食者をより早く見つけることができる。
② 群れが大きいほど，群れ内での競争が激しく個体にとって有性生殖の機会が少なくなる。
③ 群れが大きいほど，餌不足になる。
④ 群れが大きいほど，排出物の汚染などにより感染病にかかる機会が増える。

問3　図2のA，B，Cは小鳥のある行動をグラフで示したものであるが，それぞれいずれの行動を示していると考えられるか。最も適当なものを，次からそれぞれ1つずつ選べ。
① 摂食行動　　② 争い行動　　③ 警戒行動

問4　この小鳥の群れにとって，利益と不利益のバランスがとれた最適の大きさと思われるものは，図2中の点a，b，cのいずれか。1つ選べ。

問5　捕食者の攻撃頻度が低下した場合，この小鳥の最適な群れの大きさは

図2中の点 a，b，c のどれになると考えられるか。1つ選べ。

解説 **問1，2** 同種の個体が集まり，一緒に移動したり採食したりする集団を群れという。図1より，群れが大きくなると，タカを発見する平均距離が長くなり，タカの攻撃成功率が低くなっていることがわかる。これは，個体数が多ければ，タカが遠くにいても早い段階で気づく個体がいる確率が高く，1羽でも敵に気づけば群れ全体が逃避行動に移れるからである。このように，群れをつくると**天敵から逃れやすくなる**ほか，**求愛や交尾が容易になる**という利益がある（問2の①は正しく②は誤り）が，群れが大きくなりすぎると**餌や休息場所などの資源を巡る種内競争が起こりやすくなる**という不利益もある（問2の③，④は正しい）。

問3 ハトとタカの例と同様に，群れが大きくなるほど外敵を遠くから発見しやすいため，一個体が外敵の警戒に要する時間配分は少なくて済む。よって C は③警戒行動。一方，群れが大きくなるほど群れの中での種内競争は激しくなるので，争いに要する時間配分が増えていく。よって B は②争い行動。警戒と争いに要した残りの時間が摂食にあてられる。よって A が①摂食行動。

問4 **摂食行動に最大の時間をあてられる大きさ**が，**群れにとって最適**。摂食に使える時間は a ＜ c ＜ b で，b が最も長い。よって b が正解。

問5 攻撃頻度が大きく低下し，攻撃がなくなったときを考えてみよう。攻撃がなければ，争い以外の時間はすべて摂食に使える。この場合，群れが小さいほうが争いに要する時間は少なく，摂食にあてられる時間は多くなる。よって a が正解。

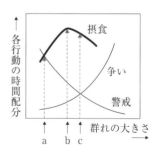

問1，2 同種の個体が集まり，一緒に移動したり採食したりする集団を群れという。

 問1 ア－② イ－④ **問2** ② **問3** A－① B－② C－③
問4 b **問5** a

個体群内の相互作用③

生物

　図1は，ある河川において縄張りア
ユがもつ最適な縄張りの大きさが，縄
張りから得られる利益と，縄張りを維
持するコストによって決定されること
を示すものである。図中のA・Bは，
個体群密度の低かった年または高かっ
た年のいずれかのコストの大きさと縄

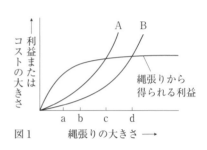

図1　縄張りの大きさ →

張りの大きさとの関係を示している。なお，ここでは，アユが縄張りから得
られる利益は，個体群密度の影響は受けないものとする。

問1　図1について，個体群密度の低かった年における，縄張りを維持する
　　　コストのグラフの曲線はA，Bのどちらか。また，この年における縄張り
　　　アユがもつ最適な縄張りの大きさはa～dのいずれか。

問2　図1について，個体群密度の低かった年と比較したときの，個体群密
　　　度の高かった年の縄張りアユがもつ最適な縄張りの大きさやその決定に関
　　　する次の記述のうち，正しいものを2つ選べ。

　①　最適な縄張りの大きさは小さくなる。

　②　最適な縄張りの大きさは変化しない。

　③　最適な縄張りの大きさは大きくなる。

　④　同じ大きさの縄張りを維持するコストは小さくなる。

　⑤　同じ大きさの縄張りを維持するコストは変化しない。

　⑥　同じ大きさの縄張りを維持するコストは大きくなる。

(熊本保健科学大)

　　　　動物が日常的に行動する範囲(行動圏)の中で，他個体を排除し，
　　　　その範囲の資源を占有する空間を縄張り(テリトリー)という。

　縄張りをもつと，**資源を確保できるという利益**が得られると同時に，**侵入者
を排除するための時間やエネルギーを消費するというコスト**も生じる。縄張り
が大きくなると利益もコストも増加するが，両者の増加の仕方には違いがある。

　縄張りが大きくなると侵入者が増えるため，**コストは急速に増加する**。それ
に対して，縄張りが大きくなると縄張り内の餌などの資源も当然増加するため
利益も増加するが，**利益は縄張りが大きくなると頭打ちになる**。これは，**1個
体が食べられる餌の量**や，**1日の中で餌を食べる時間には限りがある**ためであ

る。縄張りは，**利益とコストの差がプラスになる大きさでのみ成立**し，その差が最大になるときの大きさが，縄張りの最適な大きさとなる。

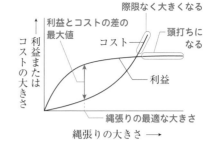

問1 個体群密度が低いときは侵入者が少ないため，同じ大きさの縄張りでも維持するために必要なコストは小さくて済む。よって，同じ縄張りの大きさを維持するコストが小さい **B** が適当。コスト曲線が B であるとき，利益とコストの差が最大となる縄張りの大きさは b。

問2 個体群密度が高いときは侵入者が多いため，同じ大きさの縄張りを維持するために必要なコストは大きくなる。よって⑥は正しい。

　図1において最適な縄張りの大きさは，個体群密度が高いとき（A）では **a**，個体群密度が低いとき（B）では **b**。すなわち，個体群密度が高いときの最適な縄張りの大きさは，個体群密度が低いときに比べて小さくなる。よって①が正しい。

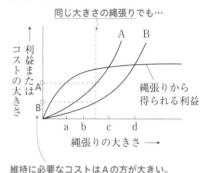

維持に必要なコストはAの方が大きい。
∴ Aは侵入者が多<u>い</u>，個体群密度が高いとき。
　Bは侵入者が少<u>ない</u>，個体群密度が低いとき。

「利益－コスト」の差が最大となるのは縄張りの大きさがaのとき。

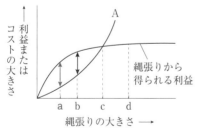

「利益－コスト」の差が最大となるのは縄張りの大きさがbのとき。

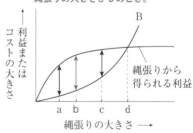

答 **問1** 曲線－B　最適な縄張りの大きさ－b　**問2** ①，⑥

個体群間の相互作用

生物

　多数の種で構成される生物群集の中では，その種が生物群集の中で占める立場が決まっており，これを ［ ア ］ という。大陸間のような離れた地域の群集を比較すると，ある地域の群集ではA種が占めている ［ ア ］ を，他地域の群集ではB種が占めていることがある。このA種とB種のように同じ ［ ア ］ を占める種を ［ イ ］ という。［ ア ］ が似ている近縁種間では，その要求を巡り ［ ウ ］ が起こる。例えば，2種のゾウリムシ（A，B）を単独飼育した場合（図1，2）と2種を混合飼育した場合（図3）とでは大きな違いが見られ，混合飼育した場合，Bの個体群密度は8日頃まで増加し，その後減少を続け0となった（図3）。これは ［ ウ ］ によりAがBを駆逐する ［ エ ］ が起きたことによる。

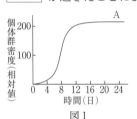
図1

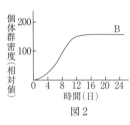
図2

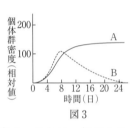
図3

　マメ科植物は栄養分の乏しいやせた土地でも良く育つ。これは，根に入り込んだ ［ オ ］ が空気中の窒素を取り入れ ［ カ ］ にし，マメ科植物に供給しているためである。一方，［ オ ］ はマメ科植物から ［ キ ］ の供給を受けている。このように両方が利益を受ける関係を ［ ク ］ という。また，一方のみが利益を受け，他方は利益も不利益も受けない関係を ［ ケ ］ という。ヤドリギとケヤキのように異種の生物が一緒に生活し，一方が利益を受け他方が不利益を受ける場合を ［ コ ］ という。ヤドリギのように ［ コ ］ する方を ［ サ ］，ケヤキのようにされる方を ［ シ ］ という。

問1　文中の空欄に該当する適語を答えよ。

問2　以下の生物どうしの関係は，［ ク ］・［ ケ ］・［ コ ］ のどれにあてはまるか，それぞれク～コの記号で答えよ。

① サナダムシとヒト　　　　　　② イソギンチャクとクマノミ
③ モンシロチョウの幼虫とアオムシコマユバチ
④ ジンベエザメとコバンザメ　　⑤ アリとアブラムシ

（昭和大）

異種生物間の相互作用は，以下のようにまとめられる。

種間競争：生態的地位(ニッチ)が近い2種間で起こる，資源を巡る争い。

① **ニッチの重なりが大きい2種**：ニッチの重なりが大きいほど種間競争は激しくなる。種間競争により，一方の種がもう一方の種を駆逐することを競争的排除という。

〔例〕 ゾウリムシとヒメゾウリムシ

② **ニッチの重なりがさほど大きくない2種**：共存することも可能である。餌を違えることによる共存を食いわけ，生活空間や生活時間を違えることによる共存をすみわけという。

〔例〕 ゾウリムシとミドリゾウリムシ

被食者‐捕食者相互関係：捕食者が被食者を捕えて食べるという，食う食われるの関係。被食者が減ると食物不足のため捕食者も減り，捕食者が減ると被食者が増えるので，一般に**互いの個体数は周期的な増減を繰り返す**。

〔例〕 ゾウリムシ(被食者)とゾオカメウズムシ(捕食者)，
　　　 ハダニ(被食者)とカブリダニ(捕食者)

相利共生：2種双方が，互いに生活上の利益を得る関係。

〔例〕 クマノミとイソギンチャク：クマノミはイソギンチャクの刺胞により捕食者から守られ，イソギンチャクはクマノミの食べ残しを得る。
　　　 アリとアブラムシ：アリはアブラムシを天敵から守り，アブラムシはアリに栄養分(糖を含む液)を与える。

片利共生：2種のうち一方のみが利益を得て，他方は利益も不利益もない関係。

〔例〕 サメとコバンザメ：コバンザメは背中の吸盤で大型のサメに吸い付き，サメによる運搬と保護，更にはサメの食べ残しを得る。

寄生：2種の生物が一緒に生活し，一方が利益を，他方が不利益を得る関係。利益を得る側を寄生者，不利益を得る側を宿主という。

① **外部寄生の例**：ヒト(宿主)とヒル・ダニ(寄生者)

② **内部寄生の例**：ヒト(宿主)とカイチュウ・サナダムシ・赤痢菌(寄生者)

（答） 問1　ア－生態的地位(ニッチ)　イ－生態的同位種　ウ－種間競争
　　　エ－競争的排除　オ－根粒菌
　　　カ－アンモニウムイオン(NH_4^+，窒素化合物)
　　　キ－有機物(炭水化物，糖)　ク－相利共生　ケ－片利共生　コ－寄生
　　　サ－寄生者　シ－宿主
　　　問2　①－コ　②－ク　③－コ　④－ケ　⑤－ク

26. バイオームと生態系

世界のバイオーム

次の**ア**～**オ**のバイオームについて，問１～４に答えよ。

ア．夏緑樹林　**イ**．照葉樹林
ウ．熱帯・亜熱帯多雨林
エ．ツンドラ　**オ**．砂漠

問１　図１は，気温・降水量とバイオームとの関係を示したものである。**ア**～**オ**について，図１のA～Ｉから該当するものをそれぞれ１つずつ選べ。

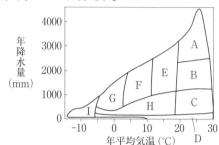

図１　気温・降水量とバイオームとの関係

問２　図２は，いくつかのバイオームにおける植物の生活形の割合（種類の割合）を示している。**ア**～**オ**に該当するものをa～eから１つずつ選べ。

問３　**ア**～**オ**で特徴的にみられる植物を，次からそれぞれ１つずつ選べ。

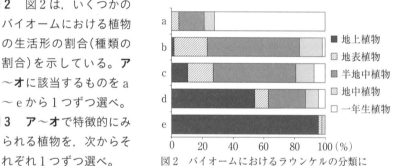

図２　バイオームにおけるラウンケルの分類にもとづく植物の生活形の割合

① ブナ
② シラビソ　③ 地衣類　④ トウダイグサ
⑤ タブノキ　⑥ メヒルギ　⑦ コルクガシ　⑧ コクタン

問４　下記の(1)～(5)に該当するものを，**ア**～**オ**からそれぞれ１つずつ選べ。

(1)　つる植物や着生植物など多様な植物が繁栄した森林で，階層構造が発達している。土壌の腐植層が薄い。

(2)　温帯のうち比較的寒冷な冷温帯に分布し，冬季に落葉する樹が多い。

(3)　温帯のうち比較的暖かな暖温帯に分布し，表面にクチクラ層が発達した硬くて光沢がある葉をもつ樹が多い。

(4)　長い根を伸ばしたり，夜間にだけ気孔を開いて水分の蒸発を防ぐなどの工夫をした植物が多い。

(5)　植物の種類は少なく，地衣類，コケ植物が生育する他は，高さの極めて低い木本や草本などが存在する。

（名城大）

問1, 3　バイオームは**年間降水量**と**年平均気温**により決定する。

森林
- A．熱帯・亜熱帯多雨林：常緑広葉樹林。樹種が多く，階層構造が発達。フタバガキ，メヒルギ，つる植物，着生植物。
- B．雨緑樹林：落葉広葉樹林。雨季と乾季がある地域に成立し，乾季に落葉。チーク，コクタン。
- E．照葉樹林：常緑広葉樹林。暖温帯に分布し，葉にはクチクラ層が発達。シイ類，タブノキ。
- F．夏緑樹林：落葉広葉樹林。冷温帯に分布し冬季に落葉。ブナ，ミズナラ。
- G．針葉樹林：常緑針葉樹が中心。亜寒帯に分布。シラビソ，コメツガ。

草原
- C．サバンナ（熱帯草原）：イネ科草本に低木が点在。イネ科，アカシア。
- H．ステップ（温帯草原）：主にイネ科草本。イネ科，カヤツリグサ科。

荒原
- D．砂漠：降水量が**年200 mm 未満の地域**に成立。トウダイグサ，サボテン。
- I．ツンドラ：年平均気温が**−5℃ 以下の地域**に成立。地衣類，コケ植物。

問2　ラウンケルは休眠芽の位置によって，30 cm より上の地上植物，30 cm 〜0 cm の地表植物，地表面（0 cm）の半地中植物，0 cm より下の地中植物，水中に休眠芽をもつ水生植物，休眠芽をつけず種子で休眠する一年生植物に生活形を区分した。植物にとっての主な悪条件は**低温**と**乾燥**で，**低温が厳しいほど休眠芽を地表面近くにつけ，乾燥条件では一年生植物が増える。**

ウ．種間競争が激しいため，受光競争に有利な高い位置に休眠芽をつける。

エ．寒さに耐え温度上昇すると直ちに成長を開始できる半地中植物が多い。

オ．降水のある短期間で生活史を完了し，残る期間は最も乾燥に強い種子で休眠する一年生植物が特に多い。

ア，イ．気温が低い地域ほど，休眠芽の位置は低い傾向にある。

問4　(1) 熱帯多雨林は高温・多湿であるため，**土壌中の分解者が活発で，有機物はすぐに分解される。**

(4) 砂漠に分布する植物は，**乾燥に適応した構造やしくみをもつものが多い。**多肉植物は葉や茎を肥厚させ水を貯える。ウェルウィッチアは長い根で水分を吸収する。ベンケイソウなどの CAM 植物は，夜間だけ気孔を開いて CO_2 を固定し，日中は蒸散を防ぐため気孔を閉ざしたまま葉内で遊離させた CO_2 を用いて光合成を行う。

問1　アーF　イーE　ウーA　エーI　オーD
問2　アーc　イーd　ウーe　エーb　オーa
問3　アー①　イー⑤　ウー⑥　エー③　オー④
問4　(1) ウ　　(2) ア　　(3) イ　　(4) オ　　(5) エ

第10章 生態と環境

日本のバイオーム

　地球上のどこでどのようなバイオームがみられるかは，それぞれの土地の年平均　ア　と年間　イ　によってほぼ決定される。日本の場合には，このうちの　イ　については比較的恵まれているので，日本のどこでどのようなバイオームがみられるかを決めている要因としては　ア　が重要である。　ア　は，緯度の違いや標高の違いで変化する。一般に緯度が1度北に向かうにつれて（　あ　）℃低下し，また標高が100m高くなるにつれて（　い　）℃低下するので，緯度と標高の違いに対応したバイオームの水平分布と垂直分布がみられることになる。

　右図は，日本の本州中部山岳地域におけるバイオームの垂直分布を模式的に示したものである。図のAとBとの境界は　ウ　と呼ばれている。

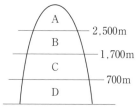

問1　文中の　ア　～　ウ　にあてはまる適当な語句を記せ。

問2　文中の空欄（　あ　），（　い　）にあてはまる数値の組合せとして最も適切なものを，次から1つ選べ。

	あ	い		あ	い
①	1	0.5〜0.6	②	1	5〜6
③	5	0.5〜0.6	④	5	5〜6

問3　図中のA〜Dにあてはまるバイオーム名を記せ。

問4　図中のA〜Dの各バイオームを代表する植生の優占種名を2種類ずつ記せ。

問5　図中のA〜Dの各バイオームがみられる地域は，気候帯でいうと次のどれに相当するかそれぞれ答えよ。

① 冷温帯　　② 寒帯　　③ 暖温帯　　④ 亜熱帯　　⑤ 亜寒帯

問6　図中のAは，水平分布に置き換えると次のどれに相当するかを答えよ。

① ステップ　　　② 砂漠　　　③ サバンナ　　　④ ツンドラ

（信州大）

解説　　成立するバイオームの種類は，年間降水量と年平均気温によって決定する。日本の場合，**全域において森林が形成されるのに十分な降水量があるため**，主に**緯度と標高の変化による気温の違い**がバイオーム

を決定する。

　本州中部の山では，標高 **2500 m** 付近に森林限界がある。これ以上の標高では，強風や低温により高木の森林はみられず，ハイマツやコケモモなどの低木や，コマクサやハクサンイチゲなどのお花畑が広がる高山草原が成立する。

（亜寒帯）針葉樹林
（エゾマツ・トドマツ）

（冷温帯）夏緑樹林
（ブナ・ミズナラ・カエデ・クリ）

針葉樹林
（トウヒ・コメツガ・シラビソ）

（暖温帯）照葉樹林
（スダジイ・アラカシ・クスノキ・タブノキ）

（亜熱帯）亜熱帯多雨林
（ヘゴ・ビロウ・アコウ・ガジュマル・ソテツ）

〔水平分布〕

ハイマツ・コマクサ・コケモモ	高山草原	高山帯
	2500m －（森林限界）	
トウヒ・コメツガ・シラビソ	針葉樹林	亜高山帯
	1700m	
ブナ・ミズナラ・カエデ・クリ	夏緑樹林	山地帯
	700m	
スダジイ・アラカシ・クスノキ・タブノキ	照葉樹林	丘陵帯

※北斜面よりも南斜面の方が日当たりが良く温度が高いため，境界は高くなる。

〔中部地方の垂直分布〕

答　問1　ア－気温　イ－降水量　ウ－森林限界　　問2　①
　　問3　A－高山草原　B－針葉樹林　C－夏緑樹林　D－照葉樹林
　　問4　A－ハイマツ，コマクサ
　　　　B－シラビソ，コメツガ
　　　　C－ブナ，ミズナラ
　　　　D－タブノキ，アラカシ，スダジイ，クスノキ（などから2つ）
　　問5　A－②　B－⑤　C－①　D－③
　　問6　④

ある場所の植生が時間の経過とともに変化することを ア という。火山の噴火などにより イ がなく生物がいない場所での ア のことを「 ウ ア 」という。

「 ウ ア 」には，陸上でみられる「 エ ア 」と，湖沼などから始まる「 オ ア 」とがある。

火山の噴火などにより新たにできた裸地には，初めに乾燥に強い地衣類やコケ植物のような カ 植物が現れる。時間が経過すると，次第に イ が形成され，ススキなどの草本が優占するようになる。100年ほどすると，ヤシャブシなどの低木林となり， イ の肥よく化が進む。植物が生育する要因のひとつに光の強さがあり，低木林においてはマツ類などの キ がよく育つ。 キ の森林ができた後，カシ類などの ク が育ち，数100年ほどで ク を主とした森林になる。

問1　空欄 ア ， イ にあてはまる最も適当な語句を，次からそれぞれ1つずつ選べ。

① 連鎖　　② 遷移　　③ ギャップ更新　　④ 発生
⑤ 植物　　⑥ 土壌　　⑦ 酸素　　　　　　⑧ 水

問2　空欄 ウ ～ カ にあてはまる最も適当な語句を，次からそれぞれ1つずつ選べ。

① 一次　② 二次　③ 初期　④ 次期　⑤ 先駆
⑥ 後継　⑦ 水中　⑧ 湿性　⑨ 陸上　⑩ 乾性

問3　空欄 キ ， ク にあてはまる最も適当な語句を，次からそれぞれ1つずつ選べ。

① 広葉樹　　② 針葉樹　　③ 陰樹
④ 陽樹　　　⑤ 落葉樹　　⑥ 常緑樹

（金城学院大）

解説　ある場所の植生が時間とともに移り変わり，一定の方向性をもって変化していく現象を遷移という。

遷移は，**土壌がない裸地**から始まる一次遷移と，**土壌がある状態**から始まる二次遷移とに分けられる。

一次遷移：土壌が存在しない裸地から始まる遷移。

> 乾性遷移：陸地から始まる一次遷移。
>
> 〔例〕 火山噴火後の溶岩台地から始まる遷移
>
> 湿性遷移：湖や湖沼から始まる一次遷移。湖沼に土砂が堆積すると湿
> 地を経て草原となり，以降は乾性遷移と同様の過程を経る。

二次遷移：土壌が存在する土地から始まる遷移。すでに存在する土壌中に
埋土種子や根が存在するため，一次遷移に比べて進行が速い。

〔例〕 山火事跡地，耕作放棄地

裸地は保水力が低く，含まれている栄養塩類も乏しい。そのため，遷移初期に侵入する**先駆種(パイオニア種)**は，一般に**乾燥や貧栄養状態に強い**という特徴をもつ。

本州暖温帯での乾性一次遷移は，一般に次のように進行する。

裸地(コケ植物，地衣類) ——→ 草原(ススキ，イタドリ)

　——→ 低木林(ヤシャブシ，ヤマツツジ) ——→ 陽樹林(アカマツ，コナラ)

　——→ 混交林 ——→ 陰樹林(スダジイ，アラカシ，クスノキ，タブノキ)

答

問1　ア−②　イ−⑥

問2　ウ−①　エ−⑩　オ−⑧　カ−⑤

問3　キ−④　ク−③

遷移と光環境

　本州の暖温帯で進行する遷移では，低木に高木が侵入し，森林へと変化する。この過程では，初期にはコナラなどの高木の陽樹林が成立し，中期には陽樹と陰樹の混交林を経て，後期にはスダジイなどの陰樹林が成立する。陰樹林は安定した森林となり，□□□□□を迎える。

問1　文中の空欄にあてはまる最も適切な語句を答えよ。

問2　下線部について，右図は森林の遷移の初期，中期，後期に現れる植物における光の強さと二酸化炭素吸収速度の関係を表したものである。(a)，(b)，(c)はそれぞれ，初期，中期，後期の植物のどれにあてはまるか答えよ。

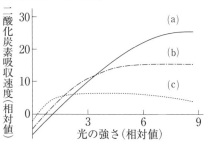

問3　森林において，地表面に近いところを林床といい，最上部の茂った葉がつながりあって表面を覆っている部分を林冠という。老木が枯れるなどすると林冠にギャップと呼ばれる空間ができ，遷移の進行とともにやがてギャップは埋められていく。ギャップで成長する植物の一般的性質について，最も適切なものを次から1つ選べ。

①　小さなギャップで成長できる植物は，大きなギャップでしか成長できない植物よりも光飽和したときの光合成速度が大きい。

②　小さなギャップで成長できる植物は，大きなギャップでしか成長できない植物よりも光飽和点が高い。

③　小さなギャップで成長できる植物は呼吸速度が小さいため，大きなギャップでしか成長できない植物よりも強光下での二酸化炭素吸収速度は大きい。

④　小さなギャップで成長できる植物の方が，大きなギャップでしか成長できない植物よりも呼吸速度がより大きい。

⑤　小さなギャップで成長できる植物の方が，大きなギャップでしか成長できない植物よりも光補償点がより低い。

（広島工大）

　問1，2　木本は，幼木のときの性質によって，陽樹と陰樹に分けられる。

Point 陽樹と陰樹

陽樹：幼木の時点で，**呼吸速度が大きく光飽和点が大きい** ──→
最大光合成速度が大きい ──→ 強光下での成長速度が大きい。

陰樹：幼木の時点で，**呼吸速度が小さい** ──→ 光補償点が低い
──→ 弱光下でも生育できる(耐陰性が高い)。

　問題の図のような，光の強さと
植物の二酸化炭素吸収速度の関係
を示したグラフを光 – 光合成曲線
という(右図)。

　陽樹と陰樹の光 – 光合成曲線は
下図のようになる。

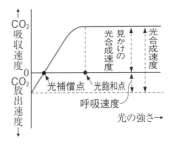

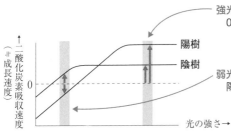

強光条件（遷移初期，大きいギャップ）
0＜陰樹の成長速度＜陽樹の成長速度
∴　陽樹，陰樹ともに生育できるが，
　　陽樹の方が成長速度が大きい。

弱光条件（遷移後期，小さいギャップ）
陽樹の成長速度＜0＜陰樹の成長速度
∴　陽樹は生育できず，
　　陰樹のみが生育できる。

　光 – 光合成曲線における**二酸化炭素吸収速度は，その光強度における植物
の成長速度**と考えてよい。遷移初期は，地表に十分な光が届くので，**強光条
件での成長速度が大きい陽樹の幼木が先に成長し**，優占種となる。陽樹林が
成立すると，**林床は暗いため陽樹の幼木は成長できず，陰樹の幼木のみが成
長**する。その結果，陽樹林は混交林を経て陰樹林へと変化し，陰樹林の状態
で安定した極相(クライマックス)を迎える。

問3　林冠にギャップが生じると，二次遷移によってギャップ更新が進む。地
表に強光が届く大きなギャップでは，強光条件での成長速度がより大きい陽
樹の幼木が先に成長し，ギャップは陽樹で埋められる。地表に強光が届かな
い小さなギャップでは，陰樹の幼木のみが成長し，ギャップは陰樹で埋めら
れる。

問1　極相(クライマックス)　　**問2**　(a)-初期　(b)-中期　(c)-後期
問3　⑤

第10章 生態と環境

生態系の物質収支

生物

　緑色植物は，太陽の光エネルギーを使い，二酸化炭素と水から有機物を合成して，同時に酸素を発生している。これらは，生態系で果たしているその役割から，生産者と呼ばれている。生産者が光合成によって生産する有機物の総量を ア といい，呼吸量を差し引いたものを イ という。森林生態系では極相林の イ は(a)となり，現存量は(b)となる。

問1 空欄 ア ， イ に最も適切な語を答えよ。

問2 空欄 ア と イ などの生態系の物質の生産と消費に関連して，右の森林における測定値を参考にしながら，(1)〜(4)に答えよ。

植物の呼吸量	枯死量	被食量	成長量
1650	630	80	490

(単位：$g/m^2 \cdot$年)

(1)　生産者の イ の量〔$g/m^2 \cdot$年〕を答えよ。

(2)　この森林における一次消費者の同化量が70〔$g/m^2 \cdot$年〕であった場合，不消化排出量〔$g/m^2 \cdot$年〕を答えよ。

(3)　一次消費者の呼吸量が摂食量の60％のとき，一次消費者の生産量（純同化量）〔$g/m^2 \cdot$年〕を答えよ。

(4)　一次消費者の成長量と死滅量が，一次消費者の生産量のそれぞれ45％と50％のとき，二次消費者に摂食される量〔$g/m^2 \cdot$年〕を答えよ。

問3 空欄(a)，(b)に適した語を次から1つずつ選べ。

①　プラス　　　②　マイナス　　　③　ほぼゼロ　　　④　ほぼ一定

(東京慈恵会医大)

解説

問1　生態系の各栄養段階を構成する生物が，一定期間内に獲得するエネルギー量（生物生産量）を棒グラフに表し，生産者を底辺として順に積み上げたものをエネルギーピラミッド（生産力ピラミッド）という。生産者の「光合成量」に相当するものを総生産量，光合成量から呼吸量を引いた「見かけの光合成量」に相当するものを純生産量という。

問2　(1)　純生産量＝成長量(490) ＋被食量(80) ＋枯死量(630) ＝1200

(2)　不消化排出量＝生産者の被食量(80) －一次消費者の同化量(70) ＝10

(3)　一次消費者の摂食量＝生産者の被食量＝80

　　一次消費者の呼吸量＝一次消費者の摂食量(80) ×60％＝48

　　一次消費者の生産量＝一次消費者の同化量(70) －一次消費者の呼吸量(48)

　　　　　　　　　　　＝22

⑷　一次消費者の成長量＝一次消費者の生産量(22)×45％＝9.9

　　一次消費者の死滅量＝一次消費者の生産量(22)×50％＝11

　　一次消費者の被食量＝一次消費者の生産量(22)

　　　　　　　　　　　　－一次消費者の成長量(9.9)

　　　　　　　　　　　　－一次消費者の死滅量(11)＝1.1

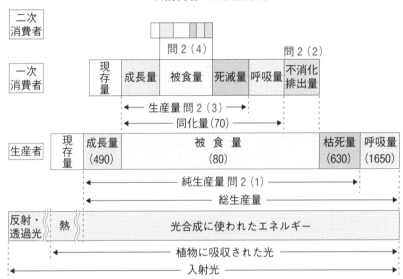

問3　森林生態系の生産者である木本は，遷移初期は，総生産量が呼吸量を上

回り現存量は増加するが，遷移が進むにつれて，同化器官である葉に対して非同化器官である幹や根などの割合が高くなるため，呼吸量が増し，総生産量と呼吸量の差（＝純生産量）は次第に小さくなる。最終的に極相に達すると，**呼吸量が総生産量とほぼ等しくなり，純生産量はほぼゼロ**となる。

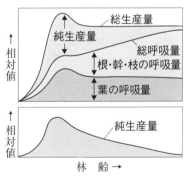

　問1　ア－総生産量　イ－純生産量

　　問2　⑴　1200〔g/m²・年〕　　⑵　10〔g/m²・年〕

　　　　⑶　22〔g/m²・年〕　　⑷　1.1〔g/m²・年〕

　　問3　a－③　b－④

27. 生態系とその平衡

物質循環とエネルギーの流れ

生物基礎 < 生物

　生態系内では，物質は生物群集と無機的環境の間を循環している。これを物質循環という。それに伴ってエネルギーも移動する。下図は，生態系における炭素と窒素の物質循環を模式的に示したものである。この図の物質の流れに関して，問1〜6に答えよ。

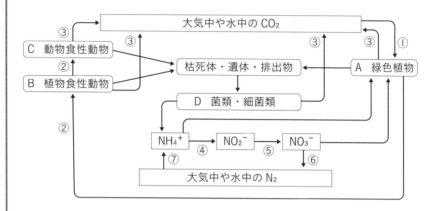

問1　栄養段階A，B，CおよびDの，生態系における役割を表す名称を答えよ。

問2　栄養段階A→B→Cのような，食う−食われるの関係を直線状とみなしたものを何と呼ぶか答えよ。

問3　問2の食う−食われるの関係は，自然界で実際には直線状ではなくもっと複雑になっている場合がほとんどである。これを何と呼ぶか答えよ。

問4　①，③，⑥，⑦の物質の流れをそれぞれ何というか答えよ。

問5　④，⑤，⑥に関わる細菌名をそれぞれ記せ。

問6　物質の流れとエネルギーの流れには大きな違いがある。それは何か。50字以内で記せ。

(富山県大)

　問1　生態系内の生物は，大きく生産者と消費者とに分けられる。無機物から有機物をつくる生物を生産者といい，光合成を行う植物や植物プランクトン・藻類・光合成細菌，化学合成細菌が該当する。**外界から有機物を取り入れてそれを利用する**消費者のうち，有機物として主に**遺体や排出物を利用する生物**は，特に分解者と呼ぶ。

Point 生産者・消費者・分解者

生産者：無機物から有機物を合成する生物。

　〔例〕　植物，植物プランクトン，藻類，光合成細菌，化学合成細菌

消費者：外界から取り入れた有機物を利用して生活する生物。

　〔例〕　動物，菌類，多くの細菌類

分解者：消費者のうち，有機物として主に遺体や排出物を利用する生物。

　〔例〕　多くの菌類，細菌類

問2，3　生態系を構成する生物には，被食者-捕食者相互関係の連鎖による
つながりである食物連鎖がみられる。しかし実際には，捕食者は複数種類の
生物を捕食し，その捕食者もさらに複数種類の生物に捕食される。そのため
この関係は非常に複雑になっていて，食物網と表現される。

問4，5　CO_2は大気中のわずか0.04％である。緑色植物などの生産者は①光
合成によりCO_2を固定して有機物を合成する。有機物の一部は②捕食によ
り消費者へ，遺体・排出物などとして分解者へ移動し，③呼吸により再び
CO_2として放出される。

　分子状窒素（N_2）は大気中の約78％を占める。一部の原核生物は⑦窒素固
定を行うことができ，N_2からNH_4^+を合成する。NH_4^+は硝化菌（亜硝酸菌，
硝酸菌）の作用によりNO_3^-となる。NO_3^-は緑色植物に取り込まれて窒素同
化に利用されたり，脱窒素細菌の⑥脱窒作用により再びN_2へと変えられた
りする。

問6　生態系内のエネルギーのほとんどは，太陽から照射された光エネルギーに
由来する。生態系に入った光エネルギーは生産者の光合成により，有機物の
化学エネルギーに変えられる。有機物の化学エネルギーの一部は捕食により
消費者へと移動したり，枯死・死滅・排出物により分解者へと移動したりす
る。全生物は有機物を呼吸や発酵に用いるが，**その際に生じた熱エネルギー
を利用できる生物はいないため，熱エネルギーは生態系外へと失われる**。

 答

　問1　A－生産者　B－一次消費者　C－二次消費者　D－分解者

　問2　食物連鎖　　**問3**　食物網

　問4　①－光合成　③－呼吸　⑥－脱窒　⑦－窒素固定

　問5　④－亜硝酸菌　⑤－硝酸菌　⑥－脱窒素細菌

　問6　物質は生態系内を循環するのに対し，エネルギーは循環せず一方
向的に流れるのみである。（41字）

細菌の窒素代謝

多くの植物は，動植物の死骸や排泄物から出てくるアンモニウムイオン（NH_4^+）を窒素源としている。植物は土中の生態系をうまく利用しながら窒素源を取り込んでいる。(a)土壌中に放出されたアンモニウムイオンは亜硝酸イオンとなり，最終的に硝酸イオンとなる。この過程を　ア　という。植物は硝酸イオンを吸収し，窒素代謝に利用する。また一方で，一部の土壌細菌のはたらきにより土壌中の硝酸イオンは還元され，窒素分子（N_2）として大気中に放出されている。このような作用を　イ　と呼ぶ。

大気中には，体積にして約78％もの N_2 が存在するが，多くの生物はこれを直接利用することができない。しかし，(b)土壌中や水中で独立して生活しているある種の細菌や，シアノバクテリアおよび(c)植物と共生している細菌の一部は，大気中の N_2 を取り込んで使用することができる。このはたらきを　ウ　という。

問1　文中の空欄に入る最も適切な語句を記せ。

問2　下線部(a)について，アンモニウムイオンを亜硝酸イオンに変える細菌の名称を答えよ。

問3　下線部(a)について，亜硝酸イオンを硝酸イオンに変える細菌の名称を答えよ。

問4　下線部(b)のある種の細菌として適当なものを，次からすべて選べ。
　①　クロレラ　　②　鉄細菌　　③　乳酸菌　　④　アゾトバクター
　⑤　硫黄細菌　　⑥　クロストリジウム　　⑦　大腸菌

問5　下線部(c)に関して，該当する細菌と植物の名称を答えよ。

（関西学院大）

問1　ア．土壌中のアンモニウムイオン（NH_4^+）は亜硝酸菌のはたらきにより亜硝酸イオン（NO_2^-）となり，NO_2^- は硝酸菌のはたらきにより硝酸イオン（NO_3^-）となる。この過程をまとめて硝化（硝化作用）といい，亜硝酸菌と硝酸菌はまとめて硝化菌（硝化細菌）と呼ばれる。

イ．硝化作用で生じた NO_3^- を取り込み，分子状窒素（N_2）として大気中に放出する作用が，脱窒素細菌による脱窒である。脱窒は，嫌気条件下で，酸素ではなく硝酸を最終電子受容体として用いて行われる ATP 合成反応の一種である。

ウ．N_2 を取り込んで利用できるのは，マメ科植物と共生する根粒菌，アゾトバクター，**一部のシアノバクテリアなど原核生物の一部のみ**。これらの生物は窒素固定作用により，N_2 をいろいろな生物が利用できる NH_4^+ へと変える。

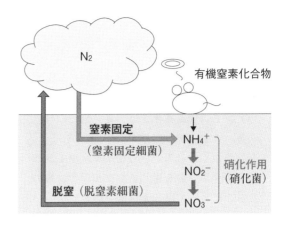

問4　①　クロレラは真核生物の緑藻類。**真核生物には窒素固定能をもつものはいない。**

②，③，⑤，⑦　すべて窒素固定能をもたない原核生物。

④のアゾトバクターは好気性細菌，⑥のクロストリジウムは嫌気性細菌で，どちらも空気中の窒素を固定して窒素同化を行っている。

問5　根粒菌は，土壌中で単独生活しているときは窒素固定を行わない。マメ科植物の根の膨らみ（「根粒」という）の中で生活するときだけ窒素固定を行って，生じた NH_4^+ をマメ科植物に供給する。

マメ科植物は光合成で生じた有機物を根粒菌に供給するので，お互いに利益がある相利共生の関係になっている。

Po**i**nt　代表的な窒素固定細菌とその特徴

根粒菌：マメ科植物の根に相利共生して根粒をつくる。
アゾトバクター：好気性細菌。
クロストリジウム：嫌気性細菌。
ネンジュモ：シアノバクテリア。

問1　アー硝化（硝化作用）　イー脱窒　ウー窒素固定
問2　亜硝酸菌　　問3　硝酸菌
問4　④，⑥　　問5　根粒菌・マメ科植物（放線菌・ハンノキ）

植物は土壌中の硝酸イオンを根から吸収し，葉の細胞内でアンモニウムイオンに　ア　する。この過程は2つの酵素が触媒する。

　アンモニウムイオンはアミノ酸に取り込まれ，タンパク質や核酸の材料となる。まず，アンモニウムイオンが　イ　と結合することにより，グルタミンがつくられる。さらに，グルタミンはケトグルタル酸と反応して2分子のグルタミン酸を生じる。グルタミン酸の　ウ　が　ウ　転移酵素のはたらきによって別の有機酸に渡されて，いろいろなアミノ酸がつくられる。アミノ酸はタンパク質，核酸，ATPなどの　エ　窒素化合物の合成に使われる。したがって，植物が利用できる　オ　窒素化合物が土壌中で欠乏すると，葉の黄化をはじめとしてさまざまな影響が出る。一方，動物の場合は　エ　窒素化合物を食べ物として摂取し，動物体自身に必要な　エ　窒素化合物を合成する。このように，取り入れた窒素化合物をもとにして生体の構成に必要な　エ　窒素化合物を合成するはたらきを　カ　という。

問1　文中の空欄に入る最も適切な語句を記せ。

問2　下線部の現象は，窒素欠乏のために植物がある化合物をつくれなくなったことに起因する。この化合物名を答えよ。また，この化合物は植物細胞のどこに存在するか，その名称を答えよ。

問3　ある植物を土壌で生育させたところ，土壌から吸収された窒素の80％がタンパク質に取り込まれて，20gのタンパク質が植物体内で合成された。タンパク質中の窒素量を16％とし，根から吸収された窒素をすべて硝酸イオン（NO_3^-）とすると，吸収された硝酸イオンは何gか。ただし，Nおよび Oの原子量をそれぞれ14および16とし，四捨五入して小数第1位まで求めよ。

（関西学院大）

解説　**問1**　植物や動物は，体外から取り込んだ低分子の窒素化合物から高分子の窒素化合物を合成する。このはたらきを窒素同化という。植物は無機窒素化合物から有機窒素化合物を合成する窒素同化ができるが，動物はアミノ酸（有機窒素化合物）からタンパク質を合成する窒素同化を行う。

　植物の窒素同化は次のように進む。

①　植物は，根で水と共にNO_3^-（硝酸イオン）を吸収し，道管を通して葉ま

で運ぶ。葉では硝酸還元酵素と亜硝酸還元酵素によって，NO_3^- が NH_4^+（アンモニウムイオン）に還元される。

②　NH_4^+ はグルタミン酸と反応してグルタミンを生じる。グルタミンはケトグルタル酸と反応して2分子のグルタミン酸を生じる。グルタミン酸のアミノ基は，アミノ基転移酵素（トランスアミナーゼ）の触媒によっていろいろな有機酸へと渡され，いろいろなアミノ酸が生じる。

③　アミノ酸は，ペプチド結合してタンパク質になるほか，核酸（DNA・RNA）や ATP，クロロフィルなどの高分子有機窒素化合物の材料として利用される。

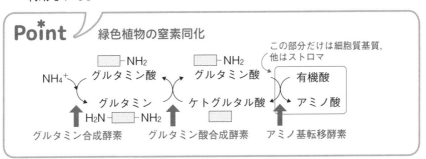

Point　緑色植物の窒素同化

問2　植物の葉は，葉緑体内に緑色の色素であるクロロフィルが多く存在するため緑色に見える。葉にはクロロフィルの他に黄～赤色の色素であるカロテノイドも含まれるが，通常はクロロフィルの方が多いので緑色に見える。
　　窒素が欠乏すると，構成元素に窒素を含むクロロフィルの合成量が減少するので，**カロテノイドの割合が多くなり，葉が黄色に見える。**

問3　硝酸イオン（NO_3^-）の分子量は，$14 + 16 \times 3 = 62$。

よって，吸収されたN（原子量14）は，吸収された NO_3^- の $\dfrac{14}{62}$ に相当する。

吸収されたNの80％と，合成されたタンパク質20 g 中にあるNの量が等しいので，吸収された NO_3^- を x g とすると，

$$x〔g〕\times \dfrac{14}{62} \times 80〔\%〕= 20〔g〕\times 16〔\%〕$$

より，$x ≒ 17.71 ≒ 17.7〔g〕$

　問1　アー還元　イーグルタミン酸　ウーアミノ基　エー有機
　　　オー無機　カー窒素同化
　　問2　化合物名：クロロフィル　　名称：葉緑体
　　問3　17.7〔g〕

生物多様性と外来生物

地球上に多種多様な生物がいるさまを生物多様性といい，それは ア ， イ ， ウ の3つの階層からなっている。 ア は，地球上のさまざまな環境に対応して多様な生態系が存在することをいう。 イ は，ある生態系における生物の種の豊富さを評価する。 ウ は，ある個体群を形成する種の遺伝子の多様性を示している。

生物多様性に影響を与える因子のひとつとして，外来生物の移入が問題となっている。本来の生息場所から別の場所へ移され，そこに定着した外来生物は，移入先の在来種との交配が可能な場合があり， ウ への影響が問題となっている。

問 1 空欄に入る語句として適切なものを，次からそれぞれ 1 つずつ選べ。

① 遺伝的多様性 　② 個体群多様性 　③ 種多様性
④ 地理的多様性 　⑤ 生態系多様性

問 2 外来生物が生物多様性に影響を与える可能性がある。その理由として適切なものを，次から 2 つ選べ。

① 外来生物はヒトによって生存が保護されているから。
② 外来生物が在来種の捕食者となりうることがあるから。
③ 外来生物はもともと移入された個体数が多いから。
④ 外来生物はもともとペットとして持ち込まれているから。
⑤ 外来生物によって新しい病原体が持ち込まれることがあるから。

問 3 日本国外から移入された外来生物として最も適切なものを，次から 1 つ選べ。

① オオサンショウウオ 　② オオクチバス 　③ メダカ
④ クズ 　　　　　　　　⑤ カタクリ 　　　⑥ ヤマユリ

（麻布大・和洋女大）

 問 1 生物間に多様性がみられることを**生物多様性**といい，次の Point に示すような 3 つの階層（視点）がある。

Point 生物多様性の3つの階層

① **生態系多様性**：地球上のさまざまな環境に生物が適応した結果成立している，生態系の多様さ。一般に生態系多様性が高いと，そこに生活する種も多様になる。

② **種多様性**：ある生態系に生息している，生物種の多様さ。一般に種多様性が高いと，環境は安定する。

③ **遺伝的多様性**：ある個体群を構成する種の，遺伝子の多様さ。遺伝的多様性が高いと，環境変化に適応して生存できる個体が存在する確率が高まるため，絶滅する可能性が低下する。

問2 人間活動によって，本来の生息場所から別の場所へ移され，その場所で定着した生物を外来生物という。移入した場所に捕食者がいない場合などは，外来生物が急激に増加することがある。また，**外来生物が在来生物の捕食者となる，在来生物との間で種間競争が起こる，外来生物が病原体を持ち込む**，といったことが起きると生態系のバランスが崩れ，在来生物が絶滅に追い込まれることがある。

　特に生態系や人間・農林水産業に大きな影響を与えたり，与える可能性のある外来生物は，外来生物法で特定外来生物に指定され，原則として輸入・飼養や運搬・野外に放つことが禁止されている。

① 日本におけるヒアリのように，駆除対象となっている外来生物もいる。

③,④ アメリカザリガニは，1927年，ウシガエルの餌として初めて日本に20頭が持ち込まれ，現在では日本全国で分布が確認されている。

問3 日本でみられる外来生物には，オオクチバス以外にも，ブルーギル，マングース，タイワンザル，セイヨウタンポポ，ハルジョオンなどがある。

第10章 生態と環境

 問1 ア－⑤　イ－③　ウ－①　　**問2** ②，⑤　　**問3** ②

生態系のバランス

　かつて，アメリカ太平洋沿岸域には多くのラッコが生息し，魚やウニ，アワビなどを捕食していたが，人間による乱獲などにより19世紀末には激減した。ラッコが激減すると，ウニが大繁殖しジャイアントケルプがウニに食べつくされてしまった。その結果，そこに生息していた魚や，その捕食者であるアザラシやハクトウワシまでいなくなり，海の生態系のバランスが大きく崩れた。その後，保護運動の高まりによってラッコの個体数は回復し，さらにはジャイアントケルプの個体数も回復してその地域の生態系も元通りになった。

問1　この場合のキーストーン種として最も適切なものを次から1つ選べ。

① アザラシ　　　② ハクトウワシ　　　③ ラッコ　　　④ 人間
⑤ ウニ　　　⑥ アワビ　　　⑦ 魚　　　⑧ ジャイアントケルプ

問2　下線部のように，生態系は多少の撹乱（かくらん）を受けても元に戻ろうとする性質がある。このことを何というか，最も適切なものを次から1つ選べ。

① フィードバック　　　② 弾力性　　　③ 恒常性（ホメオスタシス）
④ 温室効果　　　⑤ バイオーム　　　⑥ 復元力（レジリエンス）

問3　一般的に，生態系のバランスが保たれやすい，または安定である，とはどういうことか。最も適切なものを次から1つ選べ。

① 太陽から入るエネルギーと，地球から放出されるエネルギーがつりあっていること。
② 栄養分が豊富なこと。
③ その生態系を強い優占種が占めていること。
④ 海の酸素濃度が高いこと。
⑤ できるだけ少ない種で構成されていること。
⑥ その生態系の放出する温室効果ガスが少ないこと。
⑦ その生態系の多様性が高いこと。
⑧ 植物プランクトンが非常に多く存在すること。

（創価大）

　問1　生態系内で食物網の上位にあって他の種の生活に大きな影響を与える種を，キーストーン種という。

　この問題の生態系では，毛皮を取る目的で人間によりラッコが乱獲された。するとラッコの減少によって，ラッコの主な餌であったウニが増殖してコン

ブの一種であるジャイアントケルプを食べつくした。その結果，ジャイアントケルプが生えていた場所を生息や採餌の場にしていた魚が衰退した。すなわち，この場合はラッコがキーストーン種である。

ちなみに，ラッコとジャイアントケルプの間には直接的な関係はない。しかし，ウニがジャイアントケルプを捕食する量は，ラッコによる影響を受ける。

このような，2種の生物間(この場合のウニとジャイアントケルプ)の相互作用が，その2種以外の生物(この場合はラッコ)の存在によって受ける影響を，間接効果という。

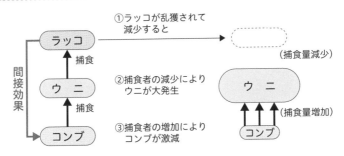

問2　台風などの自然現象や人間活動などの**物理的な外力によって生態系が破壊されること**を撹乱という。何らかの原因で撹乱を受けても，長期間でみると，生態系の変化はある一定の範囲内におさまることが多い。このような作用を生態系の復元力という。

問3　**生態系のバランスは，種多様性が高い場所ほど保たれやすい**。生態系多様性が高い場所では，さまざまな環境が存在するため，種多様性が高い傾向があり，生態系のバランスが保たれやすいといえる。

答　**問1**　③　　**問2**　⑥　　**問3**　⑦

地球温暖化

生物基礎 < 生物

大気中の水蒸気や ┌ ア ┐ は，地表から放射される ┌ イ ┐ を吸収し，その一部を地表に再放射して地表や大気の温度を上昇させている。この現象は大気による温室効果として知られている。温室効果を引き起こす原因となる大気中の水蒸気や ┌ ア ┐, ┌ ウ ┐, ┌ エ ┐ などは，温室効果ガスと呼ばれている。

近年，地球の年平均気温が上昇し，温暖化が進行しているが，その主な原因は大気中の ┌ ア ┐, ┌ ウ ┐, ┌ エ ┐ の増加，中でも ┌ ア ┐ の増加に伴う温室効果の増大であると考えられている。この ┌ ア ┐ の増加は，人間による石油など化石燃料の大量消費と，大規模な熱帯林の破壊に起因する ┌ ア ┐ 吸収量の低下が主な原因と考えられている。

問1 空欄 ┌ ア ┐, ┌ ウ ┐, ┌ エ ┐ に入る語の組合せとして最も適当なものを，次から1つ選べ。

	ア	ウ	エ
①	メタン	フロン	アルゴン
②	窒素	ヘリウム	フロン
③	窒素	ヘリウム	フロン
④	二酸化炭素	メタン	フロン
⑤	二酸化炭素	メタン	アルゴン

問2 空欄 ┌ イ ┐ に入る語として最も適当なものを，次から1つ選べ。

① X線　　② γ線　　③ 気化熱
④ 赤外線　　⑤ 紫外線

問3 下線部に示した温暖化は，生態系にどのような影響を及ぼすか。最も適当なものを，次から1つ選べ。

① 生態系のバランスの安定化
② 高次消費者における生物濃縮の進行
③ オゾン層の破壊による紫外線照射量の増加
④ 生育環境の変化に適応できない生物の絶滅

(防衛医大)

解説 **問1, 2** 地球は，太陽からエネルギーを受け取り，ほぼ同量のエネルギーを宇宙に放出している。大気中には，地表から放出された**赤外線(熱)**の一部を吸収して再び地表へ戻す性質をもつ気体がある。その結果，地表は大気によって暖められる。この大気による作用を温室効果といい，温室効果を引き起こす気体を温室効果ガスという。温室効果ガスに

は，二酸化炭素，メタン，フロン，水蒸気などが挙げられる。

　もしも温室効果ガスが存在しないと仮定すると，計算上，地表付近の平均気温は−19℃程度になる。すなわち，温室効果ガスは地球上の生物の生存を可能にしているといえる。しかし現在，人間は多量の化石燃料を利用しており，その燃焼により大気中の二酸化炭素濃度は増加し続けている。その結果，近年，地球の年平均気温は上昇し続けている。

Po**int** 地球温暖化
温室効果ガス：熱を吸収する性質をもつ気体。
　二酸化炭素，メタン，フロン，ハロンなど。
地球温暖化：地球全体で気温が上昇する現象。温室効果ガスの濃度が高くなったことが原因と考えられている。

問3　①，④　急激な温度上昇が起こると，環境変化に適応できず絶滅する生物が出現することも危惧される。その結果，その生態系のバランスは変化する。例えば，北極の海氷の上で狩りをするホッキョクグマは，地球温暖化により餌を得にくくなると考えられる。北極の食物連鎖の上位生物であるホッキョクグマの個体数の減少は，生態系のバランスの変化につながると考えられる。よって①は誤りで④は正しい。

　②　生物濃縮は，ある特定の物質が，**環境中よりも生物体内で高濃度となる現象**である。生物濃縮は地球温暖化による温度上昇によって促進されるとは言い難い。よって誤り。なお，生物濃縮は**体内で分解されにくく，かつ脂溶性の物質で起こりやすい**。また，**食物連鎖の結果，高次消費者ほど高濃度に蓄積しやすい**ことも確認しておこう。

　③　生物に有害な紫外線は，成層圏（約10〜50 km上空）に存在するオゾン層によって吸収される。オゾン層はフロンやハロンによって破壊されるが，地球温暖化によってオゾン層が破壊されるのではないので誤り。

第10章 生態と環境

答　**問1**　④　　**問2**　④　　**問3**　④

問題 119

環境問題

生物基礎 ＜ 生物

地球環境問題について，次の問 1 ～ 6 の各テーマの 3 つの文①～③の中から正しいものをそれぞれ 1 つずつ選べ。正しい文がなければ「なし」と記せ。

問 1　熱帯多雨林とその破壊

①　現在の熱帯多雨林の減少に対する焼畑農業の影響は小さい。

②　熱帯多雨林の土壌では土壌微生物の活動が活発で有機物が速やかに分解されるので，土壌中の有機物は少ない。

③　熱帯多雨林では，そこに生息する生物の種類が少なく，単純な生態系が形成されている。

問 2　砂漠化

①　過度の放牧は砂漠化を促す。

②　地球上の砂漠化と気候変動の因果関係は薄い。

③　砂漠化する地域はもともと森林が形成されにくい場所である。

問 3　オゾン層の破壊

①　オゾン層は成層圏よりも上空に形成されている。

②　二酸化炭素濃度の上昇もオゾンホールの拡大の原因となる。

③　赤道上空のオゾン層の破壊が最も著しい。

問 4　酸性雨

①　酸性雨の主な原因は自動車の排気ガスや工場排煙に含まれる炭素化合物やリン酸化合物である。

②　pH3.5 以下の雨水を酸性雨という。

③　酸性雨の被害地は原因物質発生源と地理的に近い場所とは限らない。

問 5　生物多様性の低下

①　日本で絶滅が心配されている生物は圧倒的に動物（ほ乳類，は虫類，鳥類，魚類など）であり，植物ではまだ深刻ではない。

②　絶滅の危機にある生物のリストを「京都議定書」という。

③　生態系の多様性の保持には，外来種の積極的な導入が効果的である。

問 6　自然環境保全

①　干潟には植物プランクトンが多いので，そこには水鳥は集まらない。

②　干潟は生物が豊富で水の浄化能力が高い。

③　干潟は歴史的に大切に保護され，そこでの漁業などは禁止されてきた。

（高知工大）

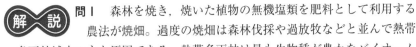

問1　森林を焼き，焼いた植物の無機塩類を肥料として利用する農法が焼畑。過度の焼畑は森林伐採や過放牧などと並んで熱帯多雨林減少の主な原因である。熱帯多雨林は最も生物種が豊かなバイオームなので，その破壊・減少は，生物の多様性を著しく低下させる可能性が高い。

問2　過放牧や過耕作による自然植生の破壊は，土壌の保水力を著しく低下させるので，降雨や風によって土壌が失われやすくなり，作物が生産できない環境になる。これが砂漠化である。地球温暖化は砂漠化を加速させ，砂漠化は降雨量の減少の原因となる。砂漠化と気候変動との間には相乗効果がある。

問3　オゾン層は，**成層圏の中の高度約20～30 km にあるオゾン（O₃）濃度の高い部分**で，**紫外線を遮断**している。フロンガスは O_3 を破壊する（フロンガスは無毒だが，紫外線によって分解されると塩素を生じ，これが O_3 を破壊する）。南極上空ではオゾン層の破壊が進んだ結果，オゾンホールが生じている。

問4　化石燃料を燃やすと，CO_2 のほか，窒素酸化物（NOx）や硫黄酸化物（SOx）が放出される。これらは広範囲に拡散し，空気中の成分と反応して硝酸や硫酸に変わり雨に溶けると酸性雨となる。**pH5.6以下**のものを酸性雨という。

問5　①　2020年，環境省は日本に生育する種子植物・シダ植物の25.6%（約7000種のうち1790種）もの種が絶滅の恐れがあると発表した。

②　絶滅の危機にある生物のリストはレッドリスト。京都議定書は，先進国に対する**温室効果ガス排出削減目標**などを定めたもの。

③　外来種の安易な導入は，従来の生態系のバランスを崩す。外来種のうち生態系や人・農林水産業に大きな影響を及ぼし得る生物は特定外来生物に指定され，飼育や栽培などが禁止されている。

問6　満潮時には海面下に，干潮時には陸地になる砂泥帯を干潟と呼ぶ。干潟の砂泥の表面に付着する微小な**藻類や植物プランクトンは，川や海からの無機塩類を取り込む**。また，干潟に生息する**貝類は，動植物の遺体や排出物に由来する有機物を含んだ海水を取り入れ，それを体内でろ過して海水を吐き出す**。このように，海中の無機塩類や有機物が各生物によって取り込まれるため，**干潟には水質浄化のはたらきがある**。干潟が失われると，浄化作用がはたらかなくなり内湾で赤潮が発生し，貝類や魚類の大量死を招いたりする。

①　植物プランクトンを捕食する動物プランクトン，動物プランクトンを捕食する魚も集まるため，干潟にはこれらを餌とする水鳥が多く集まる。

③　干潟は貝類の採取やノリの養殖などを行う場として重要である。

答　問1　②　　問2　①　　問3　なし　　問4　③　　問5　なし　　問6　②

第10章　生態と環境

水界の汚染

(a)川や海に流入する有機物は，量が少ないときは水中の分解者のはたらきなどにより濃度が低下していく。これを ア という。有機物の分解でできた栄養塩類は生産者の同化に利用される。一般に，湖沼などの生態系では栄養塩類が時間の経過と共に次第に増加し，水質の イ がもたらされる。生活排水や産業廃水として流入する有機物が多くなり ア の範囲を越えると，有機物が蓄積して水質が汚染する。また，多量の有機物の分解は水質の イ を促進する。 イ が進行すると，水面近くで生活するプランクトンが異常に繁殖し，水の華(湖水)や ウ (海水)などが起こる。

(b)特定の物質が エ の過程で外部環境や食物濃度より高濃度に蓄積することを オ といい，ヒトや動物にも健康被害を及ぼすことがある。

問1 文中の空欄に適語を入れよ。

問2 下線部(a)に関して，図1は有機物を多く含む汚水が河川に流れ込んだときの，流入した地点から下流に向けての水質変化を表している。グラフ

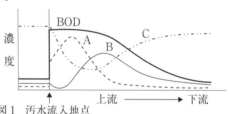

図1 汚水流入地点

A〜Cが表す濃度として最も適切なものを，次から1つずつ選べ。

① 溶存酸素 ② NH_4^+ ③ NO_3^-

問3 下流での NH_4^+ や NO_3^- の濃度の変化は，主として水中の細菌のはたらきによる。この細菌のはたらきとして最も適切なものを，次から1つ選べ。

① 光合成 ② 化学合成 ③ 発酵 ④ 呼吸 ⑤ 窒素同化

問4 図2は，図1と同じ河川に生息する生物の個体数変化を表している。グラフD〜Fが表す生物群として最も適切なものを次から1つずつ選べ。

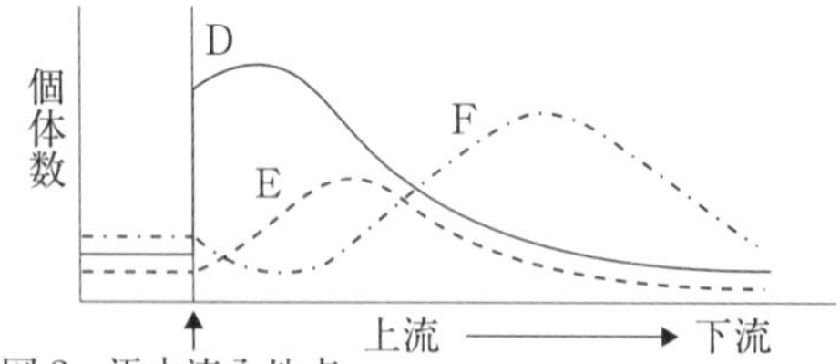

図2 汚水流入地点

① 藻類 ② 細菌 ③ 原生動物

問5 下線部(b)に関して，生物に蓄積されやすい物質の特徴として正しいものを，次からすべて選べ。

① 水に溶けやすい ② 油脂に溶けやすい

③　生物の体内で代謝されにくい　　④　生物の体内で代謝されやすい

（早大・麻布大・関西大）

問1　河川の汚染物質が自然に減少する**自然浄化**は，溶存酸素（O_2）が多いと進みやすい。このはたらきは，流れ込んだ有機物が分解者により分解されたり，脱窒素細菌による窒素の除去といった生物的な作用のほか，泥や石などへの吸着や沈殿，多量の水による希釈などによる。分解者が有機物を無機物へと分解するときにはO_2を消費するので，**有機物の流入量が多いとO_2が不足し，自然浄化作用が低下して水質汚濁が進む。**

　　リン（P）や窒素（N）を含む無機物が多くなった状態を富栄養化という。無機塩類は生産者に利用されるが，富栄養化が起こると特定のプランクトンが大量発生して，海洋では赤潮，湖沼では水の華（アオコ）が起こることがある。

問2　BOD（生物化学的酸素要求量）は，水中の有機物が微生物によって好気的に分解されるときに消費されるO_2量のことで，水中の有機物量の指標として用いられる。NH_4^+は，硝化菌（亜硝酸菌，硝酸菌）のはたらきによりNO_3^-になる。NO_3^-は藻類に吸収されるので，川下に進むに従い濃度は減少する。よってAはNH_4^+，BはNO_3^-。また，汚水が流入すると**細菌が有機物を好気的に分解するため溶存酸素が減少する**が，その結果起こる透明度の上昇や無機塩類濃度の上昇は**藻類の光合成に好都合な条件**をつくる。よってCは溶存酸素。

問3　硝化菌はNH_4^+などの無機物を酸化し，生じた化学エネルギーで化学合成を行う。酸化された無機物は，酸化物（NO_3^-）として排出される。

問4　まず有機物を好気的に利用する細菌（D）が増えると，細菌を捕食する原生動物（E）が増える。問2の解説でも述べたように，下流に向かうにつれ透明度の上昇，無機塩類濃度の上昇が起こり，藻類（F）が増殖する。

問5　**脂溶性**で**分解されにくい物質**は，体内で高濃度に濃縮されやすい（細胞膜を透過しやすく脂肪組織などに蓄積しやすいため）。この現象が**生物濃縮**で，**食物連鎖により更に高濃度に濃縮される**ので，環境中では極めて低濃度であった物質も，高次消費者では極めて高濃度になり，致命的な影響が現れることがある。殺虫剤 DDT の海鳥への濃縮，有機水銀による水俣病など。

問1　ア－自然浄化（自浄作用）　イ－富栄養化　ウ－赤潮
　　　　エ－食物連鎖　オ－生物濃縮　　**問2**　A－②　B－③　C－①
　　問3　②　　**問4**　D－②　E－③　F－①　　**問5**　②，③

第10章　生態と環境

生態系は台風や火山の噴火などの外的要因によって破壊されることがある。このような物理的な外力が生物に影響を及ぼす急激な変化を　ア　と呼ぶ。一過性ではない大規模かつ人為的な　ア　も種の多様性を大きく減少させ，生態系を破壊する。一方，中程度の　ア　がある環境下で種の多様性は最も高くなると考えられている。

問 1　文中の空欄に入る適切な語句を記せ。

問 2　下線部の説は，熱帯のサンゴ礁におけるサンゴの種数の調査から提唱された。　ア　が(1)大規模に起こる場所と(2)ほとんど起こらない場所で生き残るサンゴ種はどのような特性をもつか，それぞれ10字以内で記せ。

（法政大）

　適度にはたらく攪乱（中規模攪乱）が，生態的地位が近い種間の競争的排除を防ぎ，共存を可能にすることがある。このような，**中規模の攪乱が生物群集内に多数の種を共存させるという考え**を中規模攪乱説という。「攪乱に強い種」と「種間競争に強い種」が含まれる生物群集を考えたとき，次のようになる。

①強い攪乱が頻繁に起こる：「攪乱に強い種」に偏った**生物群集になる。**

②攪乱がほとんど起こらない：「種間競争に強い種」に偏った**生物群集になる。**

③中規模の攪乱が適度に起こる：「攪乱に強い種」や「種間競争に強い種」も**含め，多くの種が共存できる。**

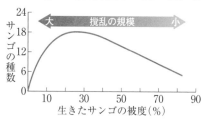

　よって，①では攪乱に強い少数のサンゴだけが生育し，岩盤のサンゴによる被度が低い。②では岩盤のほとんどが種間競争に強い少数のサンゴに覆われる（サンゴ礁を形成するサンゴは，体内に共生する藻類の光合成で栄養を得るため，太陽光がよく当たる岩盤を好み，多くの種で生態的地位がきわめて近い）。③ではサンゴの種数が最も多く，生態的地位の近いサンゴが共存できるようになる。

問 1　攪乱

問 2　(1)　環境の変化に強い性質（10字）　　(2)　競争に強い性質（7字）